気候変動政策の社会学

日本は変われるのか

長谷川公一・品田知美 編

昭和堂

はじめに

気候変動問題の社会科学的な分析というと、国際法や国際政治学の課題だろう、あるいは経済的な影響や政策手段の有効性がテーマとなるだろうと読者は考えるかもしれない。では各国の政策内容の相違は何に規定されているのだろうか。ドイツやイギリスのような気候変動対策に熱心な国と、アメリカやカナダ、オーストラリアのように消極的な国との間の相違は、どのように説明されるのだろうか。政策当局や産業界、企業、NGOなどの行動を規定しているのは、どのような要因群なのだろうか。このように考えていくと、政策や政策的対応の根底には、さまざまなレベルでの〈社会〉的な諸要因が横たわっていることがわかってくる。気候変動問題もすぐれて社会学的なテーマである。

しかし国際的に見ても、「気候変動と社会」「気候変動と社会学」「気候変動政策と社会学」という研究領域は発展途上であり、社会学者による著作は英文でも限られている（Schreurs 2002=2007, Fisher 2004, Urry 2011, Dunlap & Brulle 2015）。

本書は、二〇〇九年以来継続してきた研究成果を一書にまとめたものである。管見の限りでは、組織的な研究にもとづく、日本の社会学者による初めての気候変動政策（温暖化政策）に関する書籍である。

共通のフレームワーク（x頁の「調査概要」を参照）に依拠して、各国の政策の相違を説明することを企図して、ミネソタ大学のジェフリー・ブロードベント教授が提唱し、気候変動政策の国際比較研究（Comparing Climate Change Policy Networks：略称ＣＯＭＰＯＮ）が進められている。本書は彼の呼びかけに応じて組織されたＣＯＭＰＯＮ日本チームの研究成果である。世界全体では台湾を含む二〇の研究チームが組織され、現在もプロジェクトは進行中である。日本チームの立ち上げと研究の経緯については、あとがきに記した。

調査研究にもとづく書籍ではあるが、気候変動問題に関心を持つ一般読者や学生、自治体関係者、企業人、メディア、ＮＧＯなどの方々が興味を持って読めるように、できるだけ平易に叙述するように努めた。

一九九七年一二月、第三回気候変動枠組条約締約国会議（ＣＯＰ３）が京都で開かれ、京都議定書が採択された。そのためもあって、日本は気候変動対策に熱心に取り組んできた代表的な国であるかのようなイメージを読者は持たれるかもしれないが、国際的に見ると残念ながらそうではない（表１‐１、表９‐１、図９‐２、図９‐３参照）。ドイツ、イギリスは第一約束期間（二〇〇八～一二年）に九〇年比で二三％も削減したが、日本は一・四％増加した。京都議定書の六％削減の目標は、森林吸収源と海外からのクレジット購入に助けられて、かろうじて達成されたものである。産業界を中心に、規制的手法や国内排出量取引制度の導入には抵抗が強い。

一九九〇年代半ば以降、政治・経済・産業活動などさまざまの面で、日本の停滞が目立っている。東京電力福島第一原発事故が大きな被害と影響を及ぼしたにもかかわらず、日本のエネルギー政策、原発政策はなし崩し的に事故前のあり方に回帰しつつある。日本の政策はなぜ硬直的なのか。気候変動政策にも、二〇一二年から導入された地球温暖化対策税を除くと、大きな進展は見られない。日本はなぜ変われないのだろうか。

本研究をとおして浮かび上がってきたのは、変われない日本の政治であり、日本の政策決定過程である。気候変動政策については、日本では省庁・審議会、業界団体の影響力が強く、NGOなど市民社会の影響力が弱い。メディアもまた省庁、業界団体などのプレス発表への依存度が高く、市民社会に関する報道が少ない。しかも一九九七年時点と比較すると、むしろ近年になるほどその傾向が高まっている。

二〇一五年一二月のパリ協定の合意によって、世界は脱炭素社会への転換を目指して大きく動き出そうとしている。各国は自国の削減目標を今後あと戻りさせないということも（第四条三項）、パリ協定の中の重要な一項目である。

気候変動対策の必要については、国内の主要な団体間に基本的な合意が見られる。アメリカと異なって、温暖化懐疑論は新聞紙上には登場しない。にもかかわらず、産業界では積極的な気候変動対策に慎重な意見が根強く、業界ごとの自主行動計画が追加的な対策を阻止する壁として機能している。

閣議決定された二〇五〇年までに温室効果ガス八〇％削減という長期目標ははたして達成できるのか。二〇三〇年度までの中期目標でも、一三年度比で、業務部門、家庭部門でそれぞれ三九％、運輸部門では二七％の削減が目指されているが、いずれもかなり厳しい目標である。

日本は変われるのか。少子化対策、男女共同参画、格差是正、地域創生など、さまざまな分野に喫緊の課題があるが、気候変動対策においても日本が変われるのかを、世界が注視している。

各章の課題と主要な知見、要点は以下のとおりである。

第一章では、各国の気候変動政策の相違を共通の枠組で比較研究するという国際プロジェクトの課題と、新聞記事の内容分析による言説フィールドの研究、および政策形成に関わる主要団体への質問紙調査による行為フィールドの研究という方法を提示する。報道機関が示す関心（報道フレーム）は、日本・韓国・中国では政策形成・経済的利益が多く、欧米では文化・科学技術・市民社会の占める割合が大きい。質問紙調査の日米比較では、日本では省庁・審議会の影響力が強く、業界団体・政党が続く。アメリカはより多元主義的で、強い影響力を持つと判定された団体は多岐にわたり、個別企業・独立系研究機関など民間団体の影響力が高く評価されている。

欧州では環境税や排出量取引を中心とした対策が進められてきたが、これらは日本では対策の柱にはならなかった。なぜこのような相違が生じたのか。第二章では、サポート関係と政治的影響力スコアをもとにした「政策ネットワーク」の視点から説明する。気候変動に関する政策形成のネットワークの中心に位置するのは環境省、経産省、経団連である。環境省を中心として、環境省系研究機関、NGOからなる環境省ブロック。業界団体を中心とする経団連ブロック。この間に、その他の省庁、自民、民主を含む主要政党、シンクタンク、経産省系研究機関、メディアからなる経産省ブロックが位置する。日本の気候変動政策ネットワークは制度的対策を支持する環境省ブロックと自主的対策を支持する経団連ブロックが、経産省ブロックを間にしていわば綱引きしている状況にある。

第三章は、朝日・読売・日経三紙の新聞記事の内容分析に関する章である。温暖化と気候変動に関する記事件数には京都会議（COP3）の開催された一九九七年、アメリカが京都議定書から離脱した二〇〇一年、京都議定書が発効した〇五年という三つの山と、〇七年から〇九年にかけての大きなピークがある。時系列的に見ると、九七年は相対的に市民社会に関する報道が多かったが、〇九年では市民社会に関する報道は激減し、政策形成に関わる記事の割合が増大する。政策形成については国際交渉や他国の動向などのような国際的な文脈から、経済的利益に関しては主に国内産業の利益など、国内的な文脈から報道されている。

日本においても一九九〇年代初頭から環境税の導入が検討されてきた。経産省や産業界の反対を受け長年導入が見送られてきたが、二〇一二年から地球温暖化対策税として施行されている。第四章では、新聞テキスト分析と社会ネットワーク分析を組み合わせた言説ネットワーク分析に依拠して、なぜこの時期に制度化されるにいたったのかを検証する。

環境税導入に肯定的な言説と否定的な言説、それぞれを共有する連合体がある。政府セクター内では導入賛成派の中心は環境省であり、否定派の中心は経産省と経団連だった。長年二極的な対立構造による膠着状態が続いてきたが、民主党政権下で、環境税によって気候変動対策に「必要な税収を確保する」という財源確保論が台頭し、経産省が環境税導入へと方針を転換したことで、構想当初より低い税率ではあるが、制度化されるにいたった。

日本の主要な気候変動対策の第一の特徴は、法的規制によらない、産業界とくに業界団体主導の自主的取り組みにある。第五章ではこの点を検討する。京都会議の直前、「経団連自主行動計画」が発表された。当初は完全に自主的なものだったが、次第に京都議定書との整合性が求められるようになり、〇八年度以降は政府による評価・検証の対象となった。そもそも強制されたものではなく、政府による罰則やインセンティブが伴うわけではなかったが、業界内の各企業間の横並び意識の強さもあいまって、次第に「ゆるやかな拘束力を持つ」協定としての性格を帯びるようになった。また個別企業の「ただ乗り」を抑止するとともに、政府による追加的な規制政策を抑止するという効果も持っている。

日本の気候変動対策の第二の特徴は、福島第一原子力発電所の事故までは、原子力発電の拡大が重視されてきたことにある。第六章ではこの問題を論じている。京都会議が開催された一九九七年から気候変動対策と関連づけた原発の広告が急増した。イギリスと日本の一般紙の温暖化に関する記事を比較してみると、イギリスでは科学的な妥当性をめぐる記事や、ライフスタイルを支える制度や倫理に関する記事が多いのに対して、日本の新聞では、原子力か自然エネルギーかというような技術問題に議論の枠組が制限される傾向がある。主要団体への質問紙調査からは、省庁・マスメディア・シンクタンクなどの回答に、積極的な温暖化対策に慎重で、かつ原発を中心とする対策を有効と見なす傾向が強い。

第七章では、「温暖化懐疑論」が日本社会にどの程度広まっているのか、どのような人々によって提唱され、どのように受け止められているのか、書籍に焦点を絞って温暖化懐疑論を扱っている。二〇〇〇年代後半から〇八年をピークとして、温暖化の進行について懐疑的ないし否定的な書籍の刊行が増大した。日本の新聞紙上には温暖化懐疑論はほとんど現れていない。主要団体への質問紙調査でも温暖化懐疑論に肯定的な回答は見られなかった。アメリカの研究では石油メジャーや保守系シンクタンクと関連の深い著者や出版社が懐疑論の書籍を刊行しているのに対し、日本では特定の出版社に限られるというよりも、著者や出版社の拡がりが大きく、個別的で組織的ではない。政策決定過程への影響力も限られている。

第八章では、政策形成に関わる主要団体への質問紙調査結果をもとに、アメリカ、ヨーロッパと対比しながら、日本政府の気候変動問題に関するスタンスの分かりにくさ、曖昧さがどんな構造に由来するのか、考察を進める。気候変動対策の必要性については広範な合意が成立しているものの、具体的にどのような対策が望ましいかをめぐっては、法的な規制や国内排出量取引制度の導入に消極的で、自主的な取り組みを肯定する業界団体と、これらの導入に積極的で、自主的な取り組みでは不十分とするNGOとの間の基本的な対立がある。気候変動問題に関する日本の国際的な立ち位置をめぐっても、問われているのは気候変動政策にとどまらない、私たち自身であり、戦後日本の在り方そのものである。

終章ではパリ協定採択の意義を把握し、日本の温室効果ガス排出と気候変動政策・エネルギー政策の現状を国際的な文脈から確認し、日本の政策がなぜ硬直的なのかを検討する。民主党政権時代の二〇一一年一二月、日本は京都議定書の第二約束期間（二〇一三年以降）への不参加を表明したが、国内における削減目標の根拠が失われるとともに、気候変動外交での国際的な発言力を大きく低下させることになった。日本は海外からのクレジット購入などによってかろうじて京都議定書の削減目標をクリアーしたが、ドイツ、イギリスは大幅な削減を達成し、EU全体としても三〇年までに九〇年比四〇％削減という野心的な目標を掲げている。日本政府は、経済成長最優先の政策から脱却し、エネルギーの効率利用と再生可能エネルギーの活用に重点を置く脱炭素社会への転換をめざして、社会全体の構造的な変革をはかるべきである。

パリ協定の採択によって、国際的にも国内的にも、気候変動問題への関心が大きく高まろうとしている。本書が気候変動をめぐる政策過程を社会学的に考える端緒となるならば、執筆者として、編者としてこれにすぐる喜びはない。

将来世代にどんな地球を手渡せるのか、問われているのは、私たち自身の決断である。

二〇一六年四月

長谷川公一

調査概要

本書で用いられているデータは、気候変動政策ネットワークの国際比較研究（Comparing Climate Change Policy Networks：略称「COMPON」）の、日本調査チーム（COMPON Japan）を調査主体として作成された。COMPONプロジェクトでは国際比較研究を可能とするため、「共通作業手引き」（COMPON Protocol）を作成している。各国チームは、この手引きの趣旨を適切に反映するように、自国の実情に合わせて、作業内容の詳細を定めている。作業手引きは全部で五段階からなる（Broadbent 2010）。日本チームも作業手引きを参照し調査を企画・遂行した。

データの詳細は各章で適宜説明がなされるが、ここでは作業の全体像を、段階ごとに簡潔にまとめておきたい。

◎第一段階――気候変動問題に関する記事数

各国ごとに「革新的（Progressive）」「保守的（Conservative）」「経済的（Economic）」視点を代表する主要な新聞を一紙ずつ選び、気候変動に関する報道件数を調べる。日本チームは、それぞれ朝日新聞、読売新聞、日本経済新聞の記事検索端末を用いて、「気候変動」もしくは「温暖化」を、見出しもしくは本文に含む記事件数をカウントした。

◎第二段階――報道フレーム

第一段階で選ばれた記事が、どのようなフレームで気候変動問題を取り上げているのかをコーディングする（各国共通の作業対象期間は二〇〇七～二〇〇八年である）。ただし記事件数は、各国ごとに傾向をつかむうえで十分確保することとなっている。日本チームは対象期間を、一九九七年および二〇〇七年から二〇〇九年までの計四年間とし、確率比例抽出法に基づいて、年ごとに記事件数を三分の一に削減しコーディングを行った。

◎第三段階――言説ネットワーク

第二段階で抽出された記事中に登場する個人および組織（アクター）が、どのような認識・主張・提言・行為（ステートメント）を表明しているのかをコーディングする。なお第四章で用いられているデータはもとの対象記事から環境税に関するものを再サンプリングし、さらに期間を広げて追加作業を行ったものである。

◎第四段階および第五段階――政策形成に関わる主要団体への質問紙調査と聞き取り調査

各国の気候変動政策形成に主要な関わりを持つ官民団体に対して、質問紙調査を行った。調査対象とする主要団体の選定は、各国の事情を考慮して適切な方法を定めることになっている。

日本チームは、第三段階でコーディングした記事中に現れた団体をリスト化し、これに加えて気候変動問題に関わる審議会等の名簿をもとに暫定版団体リストを作成した。さらに、政策現場に詳しいジャーナリストなど有識者によるチェックを経て、リストを確定した結果、調査対象は一二五団体となった。うち有効な回答が得られたのは七二団体である（有効回収率五七・六％）。調査は二〇一一年二月から二〇一三年七月にかけて行われ、原則として事前に郵送をしたうえで、面接により回答を確認する方式で行った。

なお第五段階としては、国内の政策形成に関わる主要な個人・団体に対して、気候変動への取り組みや政策への考え方について聞き取り調査を行うことになっているが、日本チームはこれを第四段階に付随して行うこととした。具体的には、面接時に質問紙をもとに関連する話題について聞き取りを行い、許可を得て記録をとり録音したものをテキストに起こした。

各章で用いたデータと作業段階の対応関係は表のとおりである。

各章で扱うデータと作業段階の対応表

作業段階	1章	2章	3章	4章	5章	6章	7章	8章
1　記事件数	○		○	○				
2　報道フレーム	○		○			○		
3　言説ネットワーク				○			○	
4　質問紙調査	○	○			○	○	○	○
(5　聞き取り)					○			

注：網掛けは当該作業段階に関する詳細が記述されている章を示す。

第一章においてこれらの作業全体の背景にある理論枠組みを示す。続く第二章で質問紙調査（第四段階）、第三章においてフレーム分析（第二段階）、第四章で言説ネットワーク分析（第三段階）の詳細を、それぞれ述べることとする。

目次

第1章 世界のなかの日本
気候変動対策の政策過程

ジェフリー・ブロードベント、佐藤圭一

1 気候変動問題という脅威

社会科学者は何ができるのか

人類が化石燃料を燃やすことによって、地球の平均気温が急激に上昇している。気候変動問題を研究する自然科学者たちは、そう示してきた。学者たちはまた、気候変動が人間社会に計り知れない打撃を与えることも警告してきた。けれども、これらの科学的知見を尻目に、温室効果ガスの排出はいまだ止まらない。気候変動問題がもたらす脅威を認識しながら、なぜグローバル社会は、かくも非合理的で自殺的なふるまいを続けてしまうのだろうか。

人類は、これまでこのグローバルな「大気汚染」の原因物質である温室効果ガス排出を抑制することに失敗している。私たち社会科学者は、その理由を調査し、原因を解明することに取り組む必要がある。社会が長期的な脅威を認識し、この悪化する一方の病気を治すために必要な変化を引き起こせるように、社会科学も寄与すべきである。

この本は、このような取り組みとして企図されたグローバルな社会科学研究の成果の一つである。我々は、このプロジェクト「気候変動政策ネットワークの国際比較研究（Comparing Climate Change Policy Networks）」を、日本語の「根本」にちなんで、COMPONプロジェクトと呼んできた。

二つの「大気問題」——ローカルレベルとグローバルレベル

近代社会は、大気問題と不可分に発展してきた。まずは地域レベルでの大気汚染から話を始めよう。一九世紀初め、人類は機械を用いて大量の製品を作る方法を発見した。この機械を動かすために人々は、最初は石炭、次に石油やその他の化石燃料を燃やすようになった。生産力の莫大な増加によって、富も生活水準も上昇した。生産技術は向上し続け、地球規模で拡散していった。こうして安いエネルギーと生産力の高い機械は近代社会の物質的基礎となった。

工業化の初期段階において、リーダーたちは工場から立ち上る煙を、進歩の象徴として礼賛した。しかし人々は、繁栄には別の影響が伴うことを徐々に認識し始めた。煙やその他の排出物を垂れ流すことは、自然環境の汚染や深刻な病気をもたらし、地域社会の生活を脅かす。工業的繁栄が環境コストに見合うものなのかが論じられるようになってゆき、人々は経済成長か環境かというジレンマに次第に直面するようになった（Broadbent 1998）。

汚染被害の当事者やその支援者たちは、汚染のない工業生産を求めるようになった。日本、アメリカ、ドイツのように人々の権利が制度的に確保され、政府が法律を執行する能力を持つ社会において、被害者たちの運動は、汚染を厳しく規制する法律の制定につながった。一九九一年までのソビエト連邦などの社会主義国においても汚染は深刻だった。しかも、これらの国においては、被害を訴える環境運動が無視されるか押し潰されがちであった。近年工業化した国々でも状況は悲惨だ。北京の大気汚染のひどさはよく知られている。しかし、問題は中国に限らない。ニューデリーの汚染はその四倍のレベルだという（*New York Times* 2015. 5. 31: SR1）。これらの国々において地域レベルの環境運動は強まっているものの、問題を解決するまでには至っていない。

地球上のあちこちに点在するこのような局地的な大気汚染に加えて、もう一つ大気に関わる深刻な問題がある。地球上のあらゆる人と場所を覆う気候変動問題だ。人間活動によって排出される二酸化炭素やメタンなどの温室効果ガスは、地球の平均的なこれらのガスの濃度をわずかに上昇させた。もともと産業革命以前の過去八〇万年にわたって、大気中の二酸化炭素の濃度は一八〇〜三〇〇ｐｐｍ（一ｐｐｍは〇・〇〇〇一％）を保っていた（IPCC 2013: 468）。だが、産業革命以降、人間活動によって上昇し続け、二〇一五年には初めて四〇〇ｐｐｍを突破した（NOAA 2015）。この変化は、無視できるぐらい軽微なものにも感じられる。しかし、わずかな量のヒ素が人間の身体に大きな影響を与えるのと同じように、地球の気候システムはかなり敏感だ。増えた温室効果ガスは、毛布のように地球を覆い、太陽から来る熱を閉じ込める。この熱の増分が、大気や海、地面を温め、ハリケーンの威力を強めたり、気温や降雨、干ばつのパターンを変化させたりする（IPCC 2013）。

ＩＰＣＣ（気候変動に関する政府間パネル）は、気候変動のもたらす全域的で破壊的な効果について報告している。たとえば、溶けた南極の氷は海水面を上昇させ、湾岸に位置する都市が洪水に対して脆弱になる。ニューヨークを襲ったハリケーン・サンディ（二〇一二年）による災害は、このような影響を端的に示している（IPCC 2014: 383）。しかし地球のシステムは複雑であり、気象学の専門家たちは、具体的にどのような影響が、どこの誰に起こるのか特定できない。深刻な影響が予想されながらも、不確実性を伴う気候変動問題は、地球規模での対策が必要とされつつも、同時に協力がきわめて困難な問題でもある。このような問題に対して社会科学者たちも、解決のための貢献をしようとしてきた。

国際合意形成過程から国内政策決定過程が分析の焦点に

地球環境問題を扱う社会科学者たちが最初に関心を寄せたのは、国際的な合意形成に関するものだった（Schneider et al. 2002; Helm 2005; Speth & Haas 2006; Young 2002; 信夫 二〇〇〇、Kanie et al.

2015)。有効な国際合意をできるかどうかが、問題解決の成否を分けると考えられてきたからだ。しかし、国際協定に基づいてルールを強制的に遂行させる力は限られている。このため国際交渉の主要な意義は、交渉の場と情報拡散手段を提供することによって、各国の削減能力を高めることである（Levy et al. 1992）。一九九七年の京都議定書においても、先進国は共通の枠組みのもとで排出削減を実行していくことになったが、実際の対策主体は国家であり、目標の達成度は国ごとに異なる。二〇一五年一二月には、京都議定書から離脱したアメリカやカナダなどの先進国や、排出量を急増させている中国やインドなどの途上国を含めた新たな二〇二〇年以降の国際枠組みであるパリ協定が結ばれた。各国が自国の削減目標を国際的な検証を踏まえながら設定・実行していく枠組みである。

気候変動問題が国際的に提起されて以来、国際交渉を通して、すべての国々は程度の差こそあれ、似たような刺激を受けている。一九九〇年初頭から出されていた科学的知識を集約したＩＰＣＣレポートや、一九九二年に締結された気候変動枠組条約も、各国が排出量を減らすべきという国際規範を広める役割を果たしている。京都議定書は先進国に対して具体的な削減量を定めていた。問題は、このような共通の刺激をすべての国が平等に得ているにもかかわらず、各国の温室効果ガス排出量の軌跡は、後で見るように、ずいぶん違うということだ。

各国の取り組みの成果はなぜこれほど異なるのか。各国の反応（言説、行動、政策、結果）の違いの理由を社会科学的に説明する研究が始まった。主要なものとしてグローバルスケールでの南北の成長ギャップに注目するもの（Roberts & Parks 2007; Roberts 2011）、国内要因としては国内の環境政策推進勢力と対抗者との間の力関係や政策学習効果（Schreurs 2002）、政策決定過程において自然科学者に与えられた役割の大きさ（Fisher 2004）などである。

我々の関心もこの延長線上にあるため、ここで問いをいま一度整理しよう。ＣＯＭＰＯＮプロジェクトは比較研究という形で、各国の気候変動政策の強度や内容の違いを説明しようとするものである。各国の取り組みを説明する言説や行為に関する一五の中心的な仮説を立て、現在準備中のチームを含めて一九の国家および台湾を含めた二〇ケースを対象としている（Broadbent 2010）。複雑な現代社会システムにおいて、ある現象を起こす原因と結果はさまざまであり、共通の結果を導く多様な経路（pathway）を見出すことを目的としている（Ragin 1987）。このようなアプローチはパリ合意後の世界において、まさに必要となる。各国の多様な状況を踏まえつつ、温室効果ガスの削減という共通の目標を達成するためには、どうすればよいのか。そのような研究視角が求められている。それでは各国の政治状況をどのような共通の枠組みで研究したらよいのだろうか。

2 変わる世界と「変わらない」日本？

主要各国の温室効果ガスの排出量の変化とその背景

前節で気候変動問題に関する各国の反応の違いについて触れた。本節でまずこのことを具体的に押さえておこう。表１‐１は主要各国の温室効果ガスの排出状況および、排出の増減と関連するエネルギー源や経済指標をまとめたものだ。

国ごとに排出量は大きく異なるが、これは人口規模や経済規模が異なるからである。なお、日本は世界約二〇〇の国の中で、中国、アメリカ、インド、ロシアに次いで五番目に排出量が多く、対策の影響は大きい。

世界の排出量がその国の決定に左右されるため、排出量の多い国に注目が集まることは当然である。だが、これを負担の衡平性という点から議論した場合には難しい問題が起こる。たとえば、こんにち中国やインドなど途上国の排出量は先進国と並ぶ規模になっている。これは、九〇年代以降に排出量が急増したためである。しかしこれらの国々の一人当たり排出量を見ると、先進国よりもいまだに小さい。深刻な気候変動問題を防ぐための温室効果ガスの総量には世界全体で限界があるが、欧米の先進国は産業革命以降すでに大量の温室効果ガスを排出してきている。その意味でこれらの先進国には歴史的責任があると途上国は追及する。

しかし、途上国も含め世界中がこれまでと同様の社会発展のあり方を進めていけば、気候変動問題は破壊的な結果を招く。このため世界中で新たな発展モデルを探す試みが行われている。たとえば、省エネや代替エネルギーの開発によって、ＧＤＰの伸びと化石燃料の使用増加の連関を断ち切ろうとしたり（脱炭素化 decarbonization）、ＧＤＰとは必ずしもリンクしない実生活の豊かさに目を向け「成長なき繁栄」（Jackson 2011=2012）を探ろうとする試みだ。

これらの新たな価値の登場とともに九〇年代以降、世界的な動向として次の三点が指摘できる。第一に、先進国および中国のＧＤＰ当たりの排出量は大きく低下してきている。第二に、先進国一人当たりの排出量も急激に減少している。第三に、再生可能エネルギーの急速な普及が見られる。

これらの中にあって、日本は九〇年代以降大きく後れを取っているように見える。たしかに、九〇年の時点において日本は先進国の中でトップレベルの省エネ社会であり、九〇年以降の変化が鈍くなった可能性がある。しかし排出減少への道筋を描けないで足踏みしているうちに、二〇一二年の時点ですでにいくつかの指標において他の先進国が勝っていることが確認される（一人当たり、およびＧＤＰ当たり排出量の欄参照）。日本は気候変動問題が提起されてからも、社会のあり方を変えられていないのではないか。

このことを念頭に置きながら、もう一度データ全体を眺めてみよう。まず一九九〇年代以降、温室効果ガスを増加させた先進国は日本・アメリカ・カナダである。一方、イギリス・スウェーデン・ドイツでは排出量が減少した。何が原因なのだろうか。しばしばＧＤＰや工業セクターの伸びが排出増加をもたらす要因とされる。しかし、これらの伸び率が同じような国々の間でも、排出量の増減はまちまちだ。気候変動対策の一つとしてしばしば提案される原子力発電量を増加させた国々もある。だ

表 1－1　各国の排出量の変化と関連するエネルギー・経済指標

	A：各国の排出量							
	排出量（CO_2－億 t）			一人当たり CO_2 排出量（CO_2－t/ 人）			GDP 当たり CO_2 排出量（CO_2－kg/1,000$）	
	1850～2010 年累積	2012 年	90 年比（%）	1850～2010 年累積	2012 年	90 年比（%）	2012 年	90 年比（%）
日本	486.5	13.4	8.8	381.7	10.8	13.1	280.7	3.7
アメリカ	3559.7	64.9	4.3	1150.8	16.3	−16.9	329.3	−38.0
カナダ	272.4	7.0	18.2	801.0	15.7	−3.0	331.7	−28.1
ドイツ	833.6	9.4	−24.8	1019.3	10.0	−21.4	271.7	−42.5
イギリス	695.9	5.8	−25.1	1109.1	7.8	−24.1	251.8	−49.6
スウェーデン	45.0	5.8	−20.8	479.5	5.1	−24.7	157.0	−56.4
中国	1318.3	98.7	299.0	98.6	7.2	237.7	239.5	−60.0
インド	337.2	19.8	200.8	28.0	1.6	111.3	138.7	−9.2
韓国	119.9	6.2	145.0	242.8	12.6	114.8	250.2	75.5
世界全体	12623.4	345.8	52.5	184.8	4.9	14.7	361.5	−26.1

	B：一次エネルギー供給量（Mtoe）									
	石炭・石油		天然ガス		原子力		水力・再生可能エネルギー等		合計	
	2012 年	90 年比（%）	2012 年	90 年比（%）	2012 年	90 年比（%）	2012 年	90 年比（%）	2012 年	90 年比（%）
日本	322.4	−1.4	105.3	138.4	4.2	−92.1	20.5	33.6	452.3	3.0
アメリカ	1196.4	−1.7	595.5	35.9	208.8	31.0	140.0	39.5	2140.6	11.8
カナダ	100.8	0.0	83.5	52.5	24.7	27.4	42.1	25.1	251.1	20.4
ドイツ	181.5	−27.4	69.8	27.0	25.9	−34.9	35.3	457.3	312.5	−11.0
イギリス	97.4	−30.2	66.3	40.6	18.3	7.1	10.2	381.8	192.2	−6.6
スウェーデン	14.8	−14.3	1.0	74.4	16.7	−6.1	17.7	52.4	50.2	6.3
中国	2444.6	278.2	122.8	859.6	25.4	−	316.1	49.5	2908.9	234.1
インド	531.4	223.1	48.9	363.0	8.6	435.4	199.2	42.5	788.1	149.1
韓国	174.3	132.0	45.0	1550.7	39.2	184.2	5.0	288.0	263.4	183.5
世界全体	8083.1	48.0	2843.6	70.6	642.1	22.2	1802.3	60.0	13371.0	52.3

	C：GDP（億 US$）							
	農業		工業		サービス業		合計	
	2012 年	90 年比（%）	2012 年	90 年比（%）	2012 年	90 年比（%）	2012 年	90 年比（%）
日本	59.5	−4.1	1548.2	31.3	4346.8	133.4	5954.5	91.9
アメリカ	161.6	−	3394.3	−	12607.3	−	16163.2	170.3
カナダ	−	−	−	−	−	−	1821.4	207.7
ドイツ	35.3	−	1095.3	−	2402.6	−	3533.2	100.2
イギリス	26.1	139.2	523.0	54.3	2065.8	182.1	2614.9	139.2
スウェーデン	5.4	−47.3	146.8	77.8	391.6	144.7	543.9	110.7
中国	822.9	753.9	3703.3	2430.5	3703.3	3142.2	8229.5	2205.6
インド	330.4	248.9	587.5	591.8	917.9	538.7	1835.8	462.1
韓国	24.5	7.4	464.7	329.4	721.5	369.2	1222.8	329.4
世界全体	2205.6	−	19850.7	−	51464.8	−	73521.2	226.5

注：1850～2010 年までの歴史的排出量については、世界資源研究所のデータ（http://cait.wri.org/equity/）より。日本、アメリカ、カナダ、ドイツ、スウェーデンの 2012 年排出量および 2012 年時点での 90 年比の増減は、UNFCCC によるデータ。それ以外の排出量に関する値は欧州委員会の連携研究機関である The Emissions Database for Global Atmospheric Research（EDGAR）(http://edgar.jrc.ec.europa.eu/）の推計による。一次エネルギー構成比率は、国際エネルギー機関（http://www.iea.org/statistics/statisticssearch/）のデータを用いた。中国は、1990 年は原子力によるエネルギー供給がなかったため、90 年度比は空欄とした。GDP については、世界銀行の世界開発指標（http://data.worldbank.org/country）を用いた。1990 年度におけるセクター別の GDP 割合が不明の国については、90 年比は空欄とした。最終閲覧日 2015 年 7 月 8 日。

が大幅な減少をもたらした国のいずれもがとったシナリオとは言い難い。結局、温室効果ガス減少の最も直接的な理由とは、石炭や石油の使用量を減らすことに成功するか否かであることが分かる。

ここまで見てきたように、人口規模や、経済発展の度合いなど、各国の置かれた状況はたしかに多様である。しかし、気候変動対策の進展の要因として、いくつかの共通点が見えてくる。すなわち、省エネ化、再生可能エネルギーの普及、石炭・石油使用の大幅な減少などである。これらの指標は、ＧＤＰの伸びなど経済指標だけで説明されるものではなかった。そうだとするならば、多様な社会的条件を越えて、共通に作用する何らかの社会・政治過程があると考えられる。次項では、これらの過程を研究するための枠組みについて述べよう。

言説フィールドと行動フィールド

異なる変化が見られる背景として、各国ごとに多様な言説や政治的アクターの行動の相互作用が、異なる環境政策に結実するプロセスを想定することができる。このような視点は「政策過程」論と呼ばれる。

気候変動問題の政策過程を考える場合、その特質から考えて、次の二点が特に重要である。

第一に、情報が大きな役割を果たすことである。気候変動問題は直接的には長期的な地球の物理学的変化として起こるため、直接目に見えず、地球科学や気象学といった高度に専門的な科学的調査を通じてはじめて認知することができる。そのため、この現象を専門家でない人々が認識し理解する際には、そもそもどのような情報を受け入れ、信用するのかという要素が強く働く。

第二に関係するアクターが広範囲にわたることだ。気候変動問題はかつてない規模で起こるグローバルな問題であるため、個人であれ国家であれ、個々のアクターは、自分には責任がなかったり、対策しても無意味だと感じたりしがちだ。気候変動に関する国際条約は地球規模の協力を求める。そこでは、さまざまなレベルのアクターが、自身の貢献には意味があり公平なものであると考えるかどうかが重要になる。その上で広範なアクターが合意形成を図らない限り、実際の対策に結びつかない。

このような特徴を踏まえ、大きく二つの側面を概念化することを提案したい。すなわち言説フィールド（field of discourse）と行為フィールド（field of action）である。

行為フィールドとは、個人、組織、国家などが、対策を促進したり阻止したりする行為を捉えたものである。しかし気候変動問題には、この前段として当該社会において広まっている気候変動問題に対する認知（信念や知識）や解釈（評価、フレーム、意味づけ）が大きな役割を果たす。言説フィールドは、この側面を捉えたものだ。

単純に「言説」や「行為」といった単体の要素ではなく「フィールド」という空間的な表現を含めて概念化するのは、それぞれの要素間の相互作用が重要であると考えるからだ。当該社会の各要素の総量が政策過程を特徴づけるとは限らない。たとえば、ギャラップ社による国際比較調査（二〇〇七

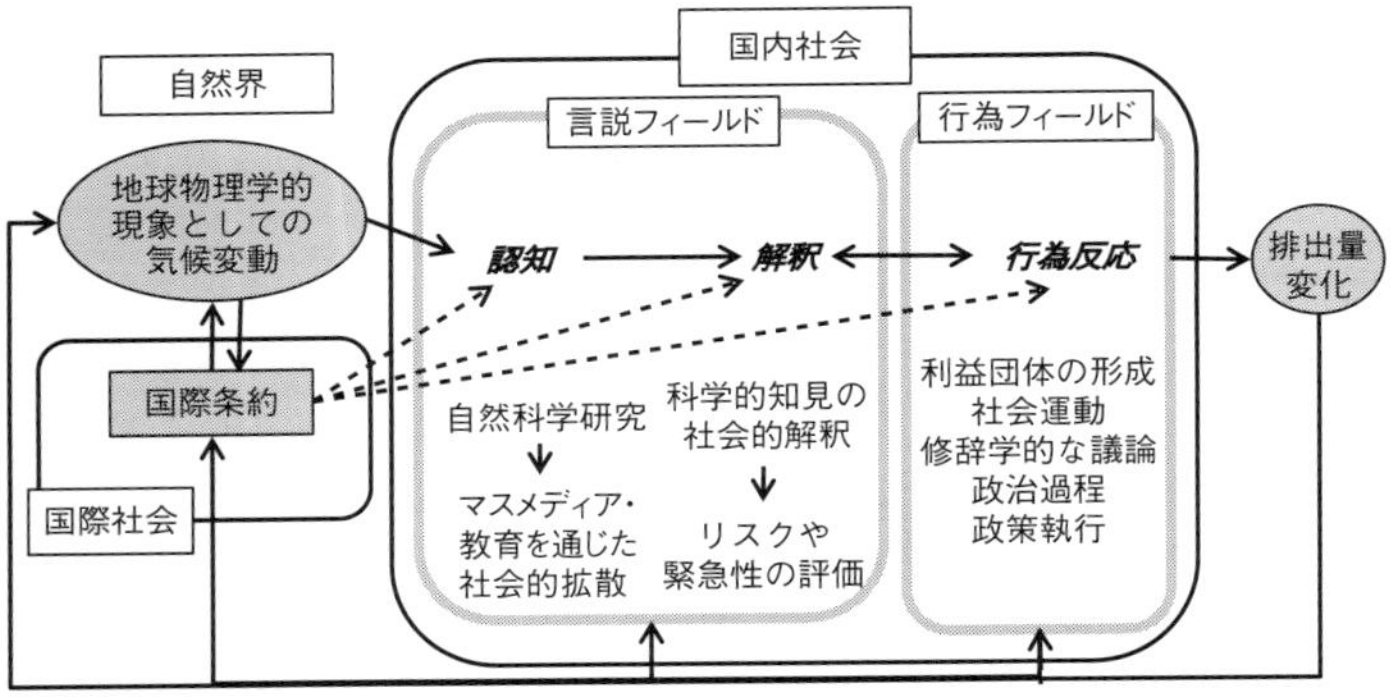

図 1-1　言説フィールドと行為フィールドの概念図

〜二〇〇八年）によれば、気候変動問題を脅威と考える人々の割合は、アメリカとドイツで大きな違いはないが（Pugliese & Ray 2009）、表1-1で見たように両国の削減の成果は大きく異なっている。このことは、各国ごとにそれぞれの要素がフィールドの中でどう相互作用し合うかによって結果が変わってくることを示唆する。

図1-1は言説フィールドと行為フィールドの相互作用、および国際的な影響を仮説的に図示したものである。

ここで示した内容は次のようなものだ。気候変動問題は、初めに地球物理学的現象として自然科学的研究によって理解され、多様なメディアを通じて政治リーダーや人々の間に拡散する。各アクターはこのような科学的警告を受け入れたり否定したりし、リスクや緊急性の度合いについてもさまざまに解釈し意味づけを行う。言説フィールドで展開されるこれらの作用は、社会的行為を引き起こす。人々はこの新たな知見への賛同者や反対者として行動を起こす。社会ごとに、特定の言説や行為に対しては支援がなされるか、あるいは制裁がなされる。不景気や気候変動とは直接関連しない自然災害も、これらの反応に影響を与える。地球物理学的現象としての気候変動問題はこうして社会的要素と関連し合う。

3 比較の視点から見る日本の気候変動政策過程

国際比較のための「共通作業手引き」

それでは具体的に国ごとの言説フィールドと行為フィールドをどのようにして研究したらよいのだろうか。理想的には考えられるすべての空間を網羅することが望ましいが、現実的には何らかの空間に絞って接近を試みるしかない。私たちは言説フィールドに関しては新聞記事の内容分析、行為フィールドに関しては気候変動政策形成に関わる官民主要団体への質問紙調査を実施することにした。二つの平面には当然、相互作用がある。新聞記事上で展開される言説は団体の行為反応に影響する。そして、その団体の行為や発言が新聞に書かれることを通じて、言説はまた新たに編成される。なお、このような対象を選んだことそのものがもたらすバイアスには注意を払う必要がある。各国のメディア制度が内容分析に影響を与えるだろう。他方でメディア制度そのものが当該社会における言説フィールドに与える影響についても、共通の作業を行うことで示唆を得ることができる。

COMPONプロジェクトでは、五段階からなる「共通作業手引き」を作成し、国ごとのチームが作業を進めた（調査概要参照）。国ごとに取得可能なデータ、研究チームの状況、進度に差があるため、すべてのデータが比較可能になっているわけではない。日本チームは進度が速い方のグループであり、かつすべての段階に関してデータを集めることに成功した。

以下の記述では、第一から第二段階に関しては表1‐1にまとめた九ヶ国のデータを比較する（これらすべての国で各段階のデータが揃っているわけではないことに注意されたい）。第四段階については、アメリカとの比較を試みる。それぞれの段階の作業についてスケッチするとともに、各国比較から見た場合の日本の特徴をつかむことを目的としたい。なお第三段階の作業に基づいた分析は第四章に譲る。

第一段階――各国の新聞記事数の比較

第一段階においては、各国ごとに「革新的（Progressive）」「保守的（Conservative）」「経済的（Economic）」視点を代表する大手新聞を一紙ずつ選び、気候変動に関する記事数を比較した（図1‐2）。具体的には「気候変動」もしくは「温暖化」を見出し語および本文中に持つ記事件数を、全記事件数で割って三紙で平均した（日本チームは、朝日新聞、読売新聞、日本経済新聞を選んだ）。

驚くべきことに、これほど多様な国が含まれているにもかかわらず、各国の報道量はほぼ同じよう

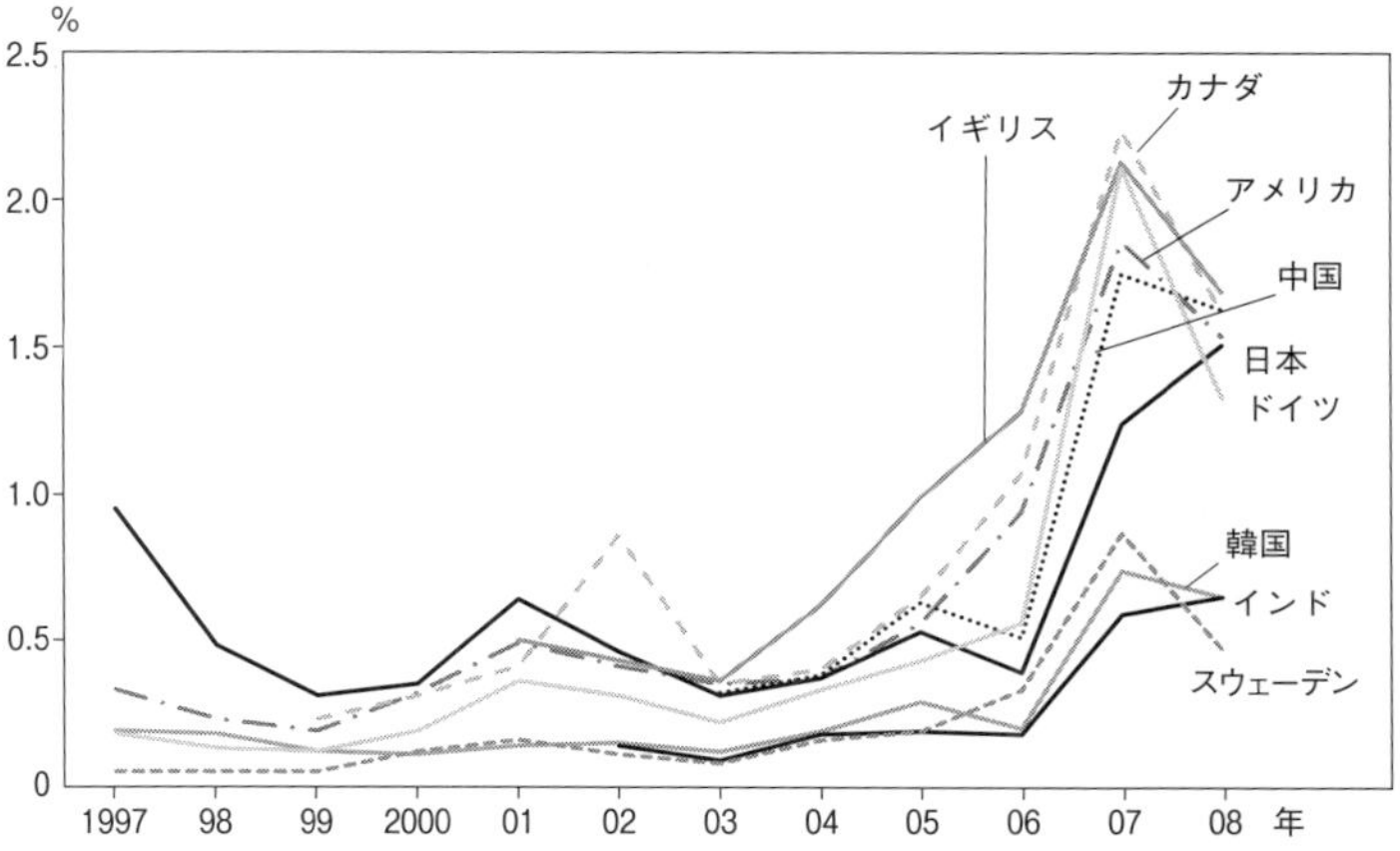

図 1－2　各国メディアにおける気候変動問題の報道量（1997 ～ 2008 年）

に推移していた。多くの国では対象期間中（一九九七～二〇〇八年）、京都議定書第一約束期間（二〇〇八～二〇一二年）以降の枠組みに関する議論が本格化した二〇〇七年に、特に報道量が増えていた。また二〇〇七年は、ＩＰＣＣの第四次レポート発行やノーベル平和賞受賞など、国際的に気候変動問題の危機があらためて喚起された年でもある。

各国の報道量は全体的に増加傾向にあるが、その中で報道量の多いグループと少ないグループがあるようだ。日本はアメリカ・ドイツなどと共に多いグループに属する。このグループに属する国々には国際交渉において、対策の進展に積極的、消極的といった違いはあるが、どの方向に向いてであれ議論をけん引する役割を果たす国が多いことが分かる。

第二段階（一）――報道フレームの比較

このように対象期間中いずれの国においても気候変動問題に関する記事が増えているが、気候変動問題をいったいどのような文脈で論じるのかについては、各国ごとに特徴が見られる。

そこで第二段階においては、実際に記事を読み、それがどのような文脈で論じられているのかを二つの側面から扱った。報道機関が気候変動問題のどの側面を視野におさめて報じているのかを、ここでは報道フレームと呼ぶ。一つ目はこの報道フレームを扱う（図1‐3）。これは、当該記事が、「政策形成（Policy making）」（政策形成や行政。カッコ内は共通作業手引きにおいてコードに付された説明を示す。以下同様）、「経済的利益（Economic and energy interests）」（産業や商業、製品、経済への影響）、「生態学／気象（Ecology/meteorology）」（地球環境や生態系・気候への影響）、「文化（Culture）」（ライフスタイルや消費、生活など）、「科学技術（Science and technology）」（新たな科学的知見やそれらをめぐる論争、技術など）、「市民社会（Civil society）」（デモやキャンペーン、世論調査、市民からの法律制定要求やNGOの活動など）の六つのうち、どの文脈（フレーム）から主に扱っているのかをコーディングしたものである（主要なもの一つを選択）。

ここでは、明らかに東アジアと欧米の間に興味深い違いが見られる。日本・韓国・中国では、「政策形成」に関するものがおよそ半数を占め、残りを「経済的利益」や「生態学／気象」に関する報道が占める。つまり政策・経済・気候変動問題がもたらす地球環境への影響という三つが、これらの国

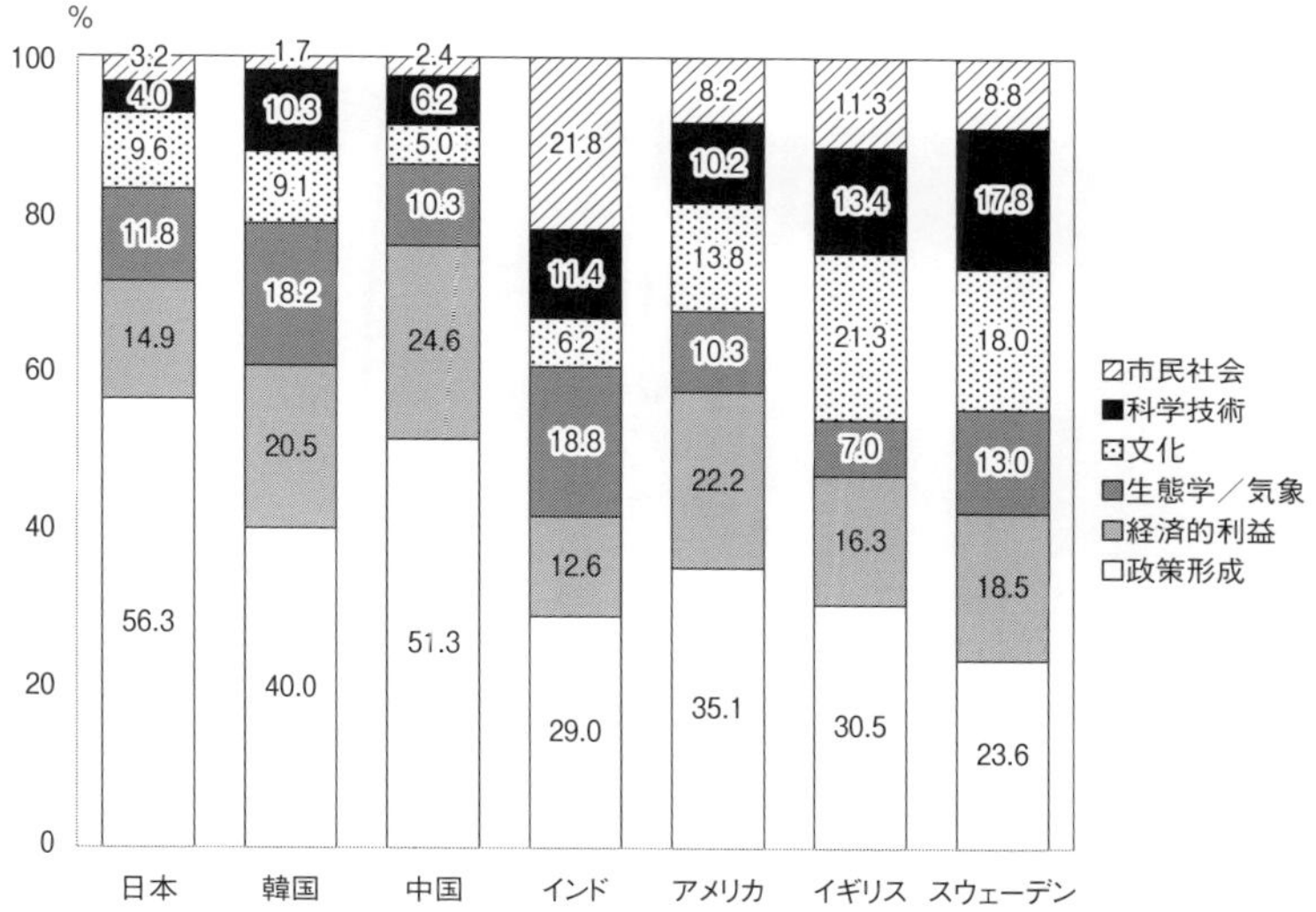

図 1－3　各国の気候変動問題に関する報道フレームの比較（2007 ～ 08 年）

注：各国のサンプル数は、日本（2425）、韓国（925）、中国（480）、インド（1170）、アメリカ（1164）、イギリス（382）、スウェーデン（1502）。各国ごとにランダムサンプリング後にコーディングされた結果であり、全記事数でないことに注意。

における気候変動問題の主要なフレームである。これに対して、アメリカ・イギリス・スウェーデンでは、「文化」「科学技術」「市民社会」の占める割合が相対的に大きい。なおインドはこれらのパターンともさらに異なり、今後のさらなる研究が待たれる。

この結果から、東アジアにおける市民たちは、気候変動問題に関して政策や経済などの動向については詳しく知ることができる一方、それらが自分の生活や活動に関連した問題としては捉えにくいと推察される。

第二段階（二）――報道テーマの比較

どのような内容が報道されているの

かという点も各国の議論を左右する。たとえば、同じ「科学技術」に関するフレームで報道されていたとしても、気候変動問題の存在を否定する議論（懐疑論）に関するものが多ければ、気候変動問題の存在そのものがその社会で争点の一つとなるだろう。

このため二つ目の側面では、あらかじめカテゴリーを設定せず各国チームが新聞記事で扱われているテーマをアドホックにコード化した。各国チーム（計一七か国）から抽出された合計一五七カテゴリーを三三コードに再集計し、記事全数に占める当該コードの出現割合を計算した（Sonnett & Broadbent 2014）。

非常に興味深いことに、あるコードの割合が多い国では、別のコードが少なく出るといった、ある程度の傾向性を見ることができた。コレスポンデンス分析（カテゴリー間の関係の強さを視覚化する統計手法）の結果を参考に、各国ごとに出現割合に差のあったコードを整理したのが表1‐2である。なお煩雑さを避けるため、ここでは注目している八か国に限定して掲載していることに注意されたい。

第II軸				
←科学懐疑と政策拒否				科学肯定と対策実行→
科学的知見（反対・論争）	国内レベルの政策	グローバルレベルの生態系変化	先進国の削減責任	削減実行
0.7	1.5	7.1	5.6	7.1
0.0	9.1	5.8	0.8	10.3
1.1	7.4	13.2	1.1	4.2
0.5	2.2	9.2	1.1	7.6
4.5	5.0	11.6	4.0	9.0
4.0	9.3	4.0	0.0	2.7
8.9	23.5	2.7	1.1	3.0
1.1	3.8	0.4	6.6	13.1

表 1－2　各国の報道テーマの割合

	第Ⅰ軸 ←国際政治						国内政治→
	国際・多国間レベルの政策	グローバル・国連レベルの政策	科学的知見	再生可能エネルギー	国内レベルの生態系変化	消費経済	削減実行（反対・論争）
中国	24.5	12.8	3.9	5.9	3.4	0.5	1.2
日本	9.9	17.3	2.9	5.3	6.6	2.9	4.1
ドイツ	21.6	7.4	2.6	4.7	2.1	1.6	4.2
韓国	6.0	3.3	6.0	3.8	11.4	3.8	6.0
スウェーデン	4.5	4.0	0.0	3.0	7.5	5.5	1.0
イギリス	5.3	0.0	4.0	6.7	12.0	12.0	2.7
アメリカ	7.1	5.9	0.5	3.1	2.7	1.0	14.2
インド	1.3	1.5	4.0	9.9	19.9	1.7	1.7

出所：Sonnett & Broadbent（2014）より作成。
注 1：数字は当該コードの出現割合を示す。
注 2：□の囲みはコレスポンデンス分析結果をもとにまとめた。

まず第Ⅰ軸の欄に示されているように、グローバルや多国間レベルの政策に関して多くの報道がなされる国では、削減の実行に関する論争や消費経済といった国内での具体的な対策に関する論争についての報道が少ない傾向があった。各国の報道は「国際政治」中心か、それとも「国内政治」中心なのかという傾向の違いがあることが見て取れる。

第Ⅱ軸においては、気候変動問題の存在そのものについて論争を多く載せたり、国内レベルの政策に関して多く報道したりする国々では、グローバルな生態系の変化や削減実行についての報道の割合が、少ない。前者に関する社会的合意が取れた上で後者の議論に発展するという関係があるためだと考えられる。よって、第Ⅱ軸は「科学懐疑と政策拒否」か「科学肯定と対策実行」のいずれに重点を置いた報道が中心なのかによって違いが見られると言えるだろう。

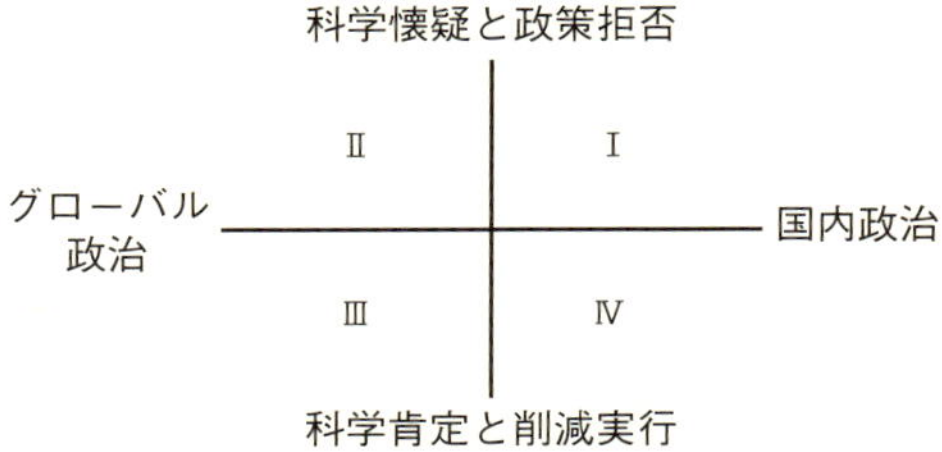

図 1－4　各国の報道テーマの分岐軸

以上の分析から報道テーマの分岐の軸を整理すると図1・4のようになる。日本の場合、第Ⅲ象限に軸足を置いた報道が多い。国際比較から見た場合、日本では相対的に国際的な対策実行は推進するが、国内での具体的な削減については推進の世論が喚起されにくいというメディア環境があると考えられる。

第四段階——気候変動政策形成に主要に関わる団体への質問紙調査

ここまでの作業を通じて、各国の言説フィールドの状況が明らかになる。これらの言説は、政策形成に関わるアクターの認識に影響を与える。また逆にアクターがその社会において主張することができる言説資源ともなるだろう。たとえば、気候変動問題を不平等の視点から論じることが一般的な社会においては、アクターはその言説を自らの主張を正当化するために用いることができる。このように言説フィールドのあり方はアクターの行為の可能性を大きな意味で制約することになる。しかし、各国の言説状況がそのまま各国の政策に直結するわけではない。国ごとに影響力のあるアクターは異なり、どのようなアクターによってどのような言説が主張されるかによって、政策形成へのインパクトは異なる。

第四段階において、各国チームは、国内の政策形成において主要な役割を果たす五〇～一〇〇程度の官民さまざまな団体を対象とした質問紙調査を行った。各団体の担当者には、気候変動問題への基本的な認識や支持する政策、他の団体との協力関係などについて尋ねた。ここではアクターの影響力の分布がきわめて対照的な日本とアメリカを比べよう。

各団体の担当者（日本七二団体、アメリカ六四団体）に「国内の政策形成において、特に強い影響力を持つ団体はどこか」を、回答団体以外の国内外の主要団体名も含まれたリストにチェックをつける形で回答してもらった。最終的にアメリカでは一〇三団体、日本では七九団体が、回答団体全体の五％以上のチェックを得た。得られたチェックの数を当該団体の「政治的影響力スコア」とする。

図1‐5はこの影響力スコアを団体類型別にまとめたものである。縦軸は、それぞれの団体の影響力スコアを表す。たとえば、日本の回答団体七二団体の五％以上（すなわち四団体以上）の団体から「影響力がある」と判定された「省庁・審議会」組織は全部で一三あり、そのうち五〇以上の回答団体から「影響力がある」と判定された団体が二団体あったことを意味する（すなわち影響力スコア五〇以上の団体）。

先に日本の結果についてまとめよう。日本では、省庁・審議会の影響力が最も高く評価され、次に業界団体、続けて政党などの影響力が高く評価されている。このことは既存の研究（最近の主要な研究として山本（二〇一〇））で指摘されたことと一致する。なお本研究では海外団体（ＩＰＣＣやＯＥＣ

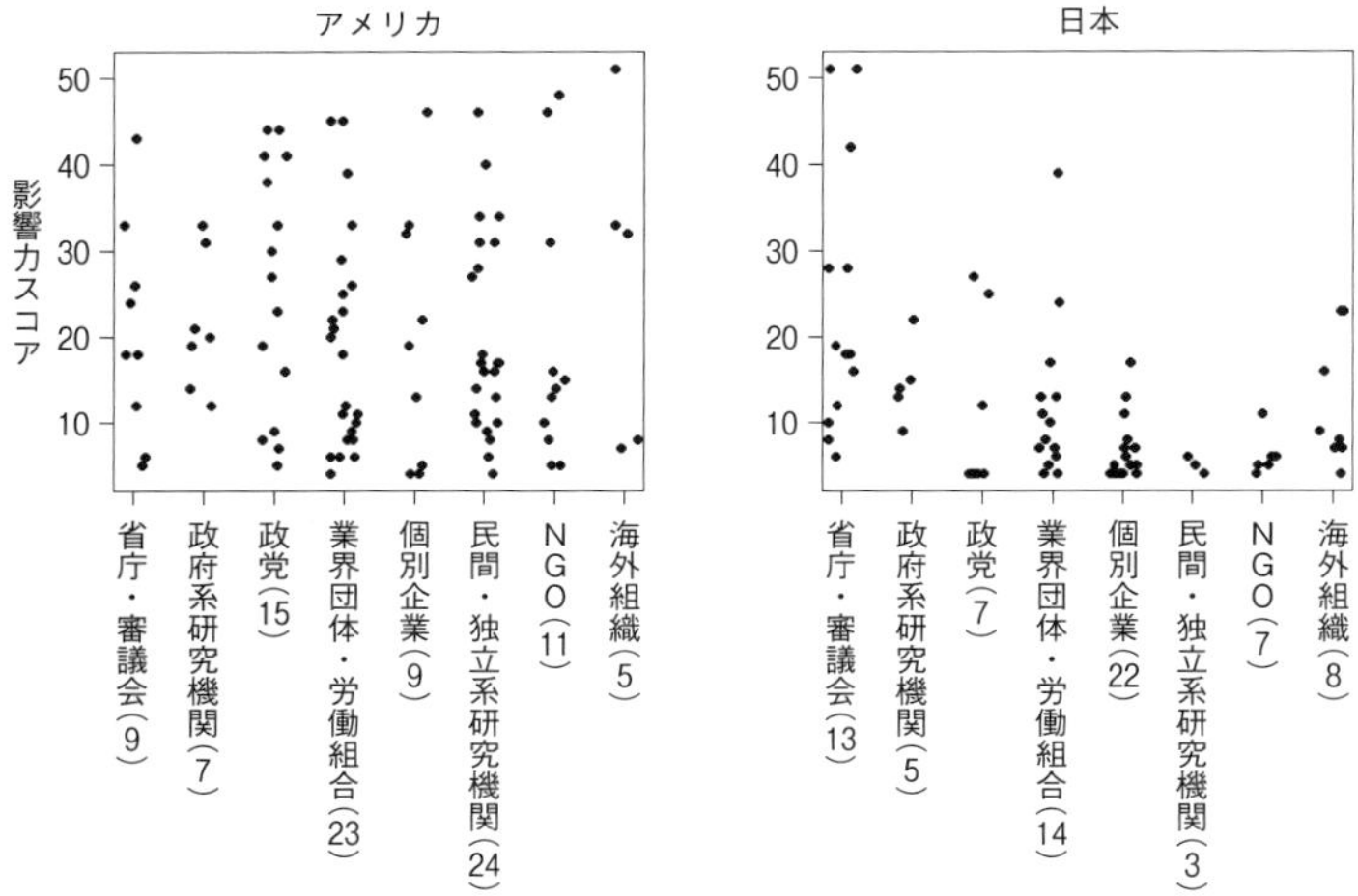

図 1－5　日本・アメリカにおいて国内政策形成に特に強い影響力のある団体（団体類型別）

注：括弧内の数字は、類型ごとの団体数を示す。なお政党に関しては、アメリカでは議員単位での影響力を聞いている。これは、日本においては政党単位での投票行動が中心だが、アメリカでは政党内でも議員ごとに投票が異なる場合が多いことによる。

Dなど）についても聞き、それが政党と同じ程度に評価されていることは新たな知見の一つであろう。

日本と比較した場合のアメリカの特徴は次の四点である。第一に、強い影響力を持つと判定された団体類型がきわめて多岐にわたる点である。全体的にアメリカの方がより多元主義的な社会であるといえるだろう。第二に、全体的に省庁や政府系研究機関といった国家機構よりも、それ以外の社会団体の方が、影響力が高いと判定されている。第三に、民間・独立系研究機関の影響力が高く評価されている。アメリカでは世界資源研究所やピュー・リサーチ・センターなど独自の科学的情報を提供する機関が非常に多く、多様な情報が社会に流通することになる。第四にＮＧＯの影響力も日本に比べてきわめて大きい。興味深いことに、このセクターの影響力の違いは、第二段階（一）で見た気候変動報道のフレームと関連がありそうである。メディアはすべての情報を報道するわけではなく、報道価値があると思うものを対象に選ぶ。日本においては省庁・業界団体の影響力が大きいため、メディアが報道する価値があるとする報道フレームも「政策形成」や「経済的利益」の割合が大きくなる一方、アメリカにおいては他の類型の団体の影響力も大きいため、それ以外の報道フレームも相対的に大きくなると考えられる。

４　国内の多様なアクターの影響力向上と協調推進が今後の課題

気候変動問題の解決には、地球規模の協力行動が必要だ。だが具体的な対策実行主体である各国の対応には大きな違いが見られる。各国の状況を体系的に比較することによって、成功するシナリオはどのようなものなのか、逆に排出削減が停滞するのはどのような場合なのかを学ぶことができるだろう。また、そこまでの結論を導き出すことができなくとも——何が「成功」といえるのかは、時間軸をどの幅で取るのかによって異なることが多く、「成功」のシナリオとはあくまでその時点の暫定的なものとならざるをえない——比較を行うことで、国際的に見た自国の相対的な位置や特徴をつかむことができ、状況に合わせた対策を考察することができるだろう。

日本の言説フィールドの状況から見た場合、とりわけ国際的な合意形成には推進的な議論が喚起されやすい環境にある。他方で、国内での排出削減に成功しているとは言えない。その要因としては、政策形成に影響力のある団体が、省庁や業界団体に偏っていること。またこのことの裏返しとして、市民の側が、メディアを通じて気候変動に関する政治・経済動向についてはよく知っている一方で、自分の行動によって社会を変えられるとの感覚を持てないことが一つの要因と考えられる。ただしアメリカに見られるように、多様な種類の団体が影響力を持ってさえいれば温室効果ガスの削減が進むわけではないことには注意を要する。多様な団体の利益がぶつかりあうだけでは削減は進まないのだ。現状から考えて日本は、より多様な団体が力をつけると同時に、団体の種類を越えて協力関係を築けるかどうかが、排出削減を進める際に重要であると考えられる。

謝辞

新聞記事のフレームに関するデータを提供してくださった韓国（Dowan Ku, Environment and Society Research Institute）、中国（Jun Jin, Tsing Hsua University）、インド（Sony Pellissery, Institute of Rural Management）、イギリス（Clare Saunders, University of Southampton）、スウェーデン（Marcus Carson, University of Stockholm）、カナダ（David Tindall, University of British Columbia）、ドイツ（Volker Schneider, University of Konstanz）および調査票調査データを提供してくださったアメリカ・調査票グループ（Dana R.

Fisher, Univesity of Maryland）のＣＯＭＰＯＮ各国チームに感謝する（名前は各国代表者）。また本研究は下記の助成を受けている。ミネソタ大学リサーチ・フェローシップ補助金（二〇〇六年七年〜二〇〇七年七月）、安倍フェローシップ（二〇〇七年七月〜二〇〇八年六月）、アメリカ国立科学財団（BCS-0827006 二〇〇八年一〇月〜二〇一四年九月）。日本学術振興会科学研究費補助金（課題番号一一Ｊ〇七四五九、一五Ｊ〇三〇八九）。また本研究プロジェクトを支援してくださった小林良彰教授（慶應義塾大学）と慶應義塾大学にも感謝する。

【コラム……………………………………………1】

環境研究における学問間の連携

喜多川進

本書がテーマとする気候変動問題がまさにそうであるが、環境研究においては学術的視点と異分野の研究者間の協働が不可欠である。そこで、環境研究における学際的協力のあり方については、これまでさまざまな議論がなされてきた。その典型的なものは、気候変動、生物多様性といった共通のテーマを、環境経済学、環境法学、環境社会学といった各分野の研究者が論ずるものであるが、各論者の議論を有機的に発展させるのは容易なことではない。この状況は、個々の楽器の音色を調和のとれたシンフォニーに高める困難さに通じる。こういった現状の打開はさまざまな角度からなされるべきであるが、一つの方向性として、歴史的視点に基づき環境研究での学問間の連携を目指す「環境政策史」の試みがある。

環境政策史は、環境政策の成立・展開を歴史的に解明するものである。大きな変化を遂げた一九七〇年代以降の環境政策の歴史は、現代の政策をテーマとしない傾向にある多くの環境史家のみならず、目前の問題の大きさから現状分析と将来予測に注力しがちな環境政策研究者にとっても対峙すべき研究対象とはなりにくい。環境政策史は、この研究の空白地帯を埋めるだけでなく、歴史的視点により、環境研究の諸分野を架橋するという課題に挑戦しつつある（喜多川二〇一五：一五七―一八五）。

参考文献

喜多川進　二〇一五『環境政策史論――ドイツ容器包装廃棄物政策の展開』勁草書房。

第2章 政策形成に関わるのは誰か

政策体系を生み出してきたメカニズム

佐藤圭一

1 共通の問題、異なる対策

本章は、日本の気候変動政策過程において働く力学を、政策形成に関わる主要団体への調査票調査に基づいて明らかにする。これまで日本の気候変動政治は、対策を進めようとする環境省と、それを阻止しようとする経済産業省という対立構図の中で理解されることが多かった。これに対して本章では、日本の気候変動政策は、環境省・経産省（経済産業省）・経団連（日本経済団体連合会）をそれぞれ中心とした官民団体からなる三つの勢力（ブロック）間で働くバランスの中で生み出されると主張する。三つの勢力の均衡という視点を導入することで、制度的な対策の導入が進まないのはなぜなのか、それにもかかわらず、京都議定書第一約束期間の目標を達成するほどには、ある程度削減が進んだのはどうしてかが見えてくるだろう。

まずは気候変動政策をめぐる各国の動向から議論を始めよう。気候変動問題の危機は国際的に共有されつつも、その対策のあり方は各国で大きく異なっている。一九九七年に京都で開かれた第三回気候変動枠組条約締約国会議（COP3）において採択された京都議定書に基づき、主要先進国は温室効果ガスの排出削減義務を負うことになった。こうして共通の枠組みのもとで、温室効果ガスの削減が行われることになった。だが具体的な削減政策は国ごとに多様である。欧州が環境税や排出量取引を中心とした対策を進める一方で、日本では、補助金、原子力発電、産業界の自主行動計画が、対策の柱として行われてきた。

なぜこのような違いが生まれてくるのか。すぐに思いつくのは、政権党の意向が反映された結果であるというものだ。たしかに、民主党政権期には、再生可能エネルギー特措法や、地球温暖化対策税などの政策が導入された。だが、もともとこれらの政策アイデアは、自民党の福田政権時代にすでに提起されていた。また、福島第一原発事故以前の原発推進の姿勢に関して、自民党と民主党との間に大きな違いは見られない。政権党のみから、政策アウトプットの違いを説明することは難しい。

次に考えられるのは、冒頭にも述べた省庁間の対立だ。事実、これまで主要に用いられてきたのは、力の限定的な環境省に対して、経産省の意向がより反映されるという説明である（竹内 一九九八、村井 二〇〇〇、佐脇 二〇〇二、岡山 二〇〇八）。とりわけ、COP3まで、両省の対立は深刻なものだった。だがその後、両省合同の審議会が開かれるなど、連携が以前よりも進んできている。背景には、削減目標が定まり、国内対策を進める段階になったことが挙げられる。両省庁の政策選好の違いは依然として見られるものの、いずれも気候変動対策を進めるという点では協力して行動せざるをえない。

首相のリーダーシップや、省庁出身の代表団の意向といった比較的狭い範囲のアクターの意向が強く反映されやすい国際交渉に比べた場合、国内対策に関する政策過程においては、より広い範囲の社会勢力の意向が重要になる。気候変動対策は、各社会勢力にとって、利益にも負担にもなりうる性質を持っている。このため実際の削減対策を進める際には、社会勢力の支持獲得が不可欠となる。

なおこの社会勢力が、必ずしもイコール「国民」ではないことに注意が必要だ。気候変動問題という高度な専門性を必要とする政策領域において、すべての国民が意見を述べることは難しい。また政策形成に日常的に関わることは、不可能である。このため現実には、政策形成は限られた数の組織によって担われている。

このような政策過程の理解の仕方は、気候変動問題に限ったことではない。「国家」の扱う政策課題の拡大と専門化によって、政策過程の焦点は、官庁と専門特化した社会団体との協調・調整にあるとする理解が、とりわけ一九八〇代以降、政治学・社会学において進んだ。この官民双方の間で形成される関係性を「政策ネットワーク」と呼ぶ（なおこの研究動向については、ケニスとシュナイダー（Kenis & Schneider 1991）が詳細なレビューを行っている）。

本章の課題は、「政策ネットワーク」の視点に基づき、日本の気候変動政策の特徴が生み出される過程をモデル化することである。この課題に答えるために、以下の節は次のような構成をとる。

第二節では、京都議定書第一約束期間（二〇〇八～二〇一二年）の削減目標達成のために計画された日本の政策を、OECD資料をもとに再構成する。各政策が目標達成にどのように寄与したのかという結果ではなく、計画に焦点を当てるのは、政策形成段階で働く政治力学に注目するためである。周知のように日本の気候変動政策は、東日本大震災にともなう福島第一原発事故を経て、当初計画とは大きく異なる展開を見せた。このため、政策形成段階と実行段階は分けて考察する必要がある。

第三節では、日本の気候変動政策ネットワークの構造を、調査票調査の結果をもとに明らかにする。「政策ネットワーク」は概念としてはイメージしやすいが、実証調査においては扱いにくい。その意味で本調査は、気候変動政策ネットワークを実際にあぶりだした稀な試みであるといってよい（類似の手法を用いた先行研究として辻中（一九九九）も参照）。

以上二つの節を経た上で、第四節では両節の知見を統合する。第二節でまとめた日本の気候変動政策の特徴が、第三節で描き出した政策ネットワークの構造の中で、どのように生み出されるのかを考察する。最後に第五節において、政策変化の可能性について述べる。

2 日本の気候変動政策の特徴——「ベース政策」と「追加的政策」

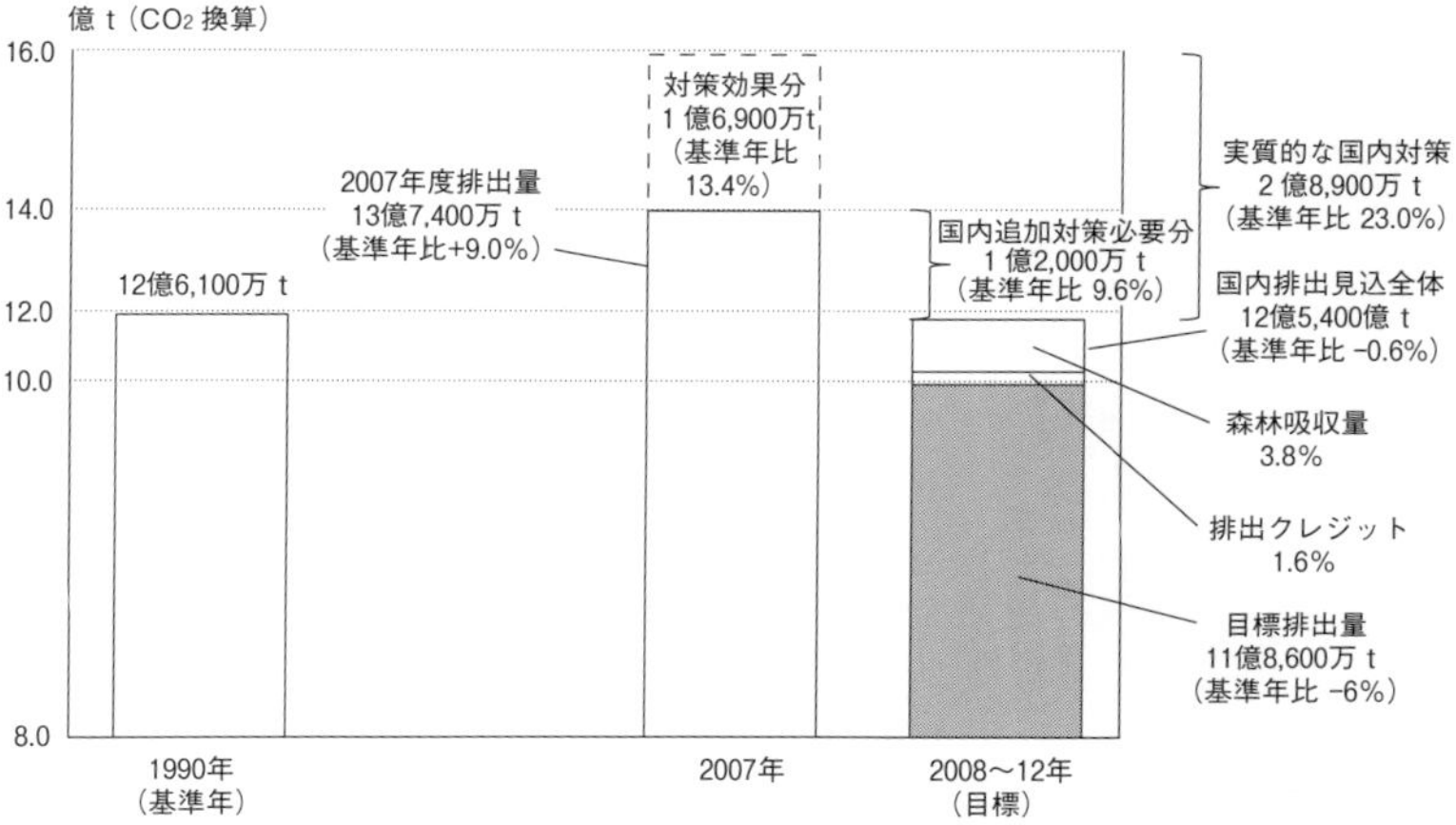

図 2−1　京都議定書第一約束期間中の日本の気候変動対策の見取り図

注：環境省資料およびOECD（2010）より筆者作成。

第一約束期間中の気候変動政策の全体像

はじめに第一約束期間中の状況をおさらいしたい（図２-１）。この期間、日本は基準年（一九九〇年）と比較し、温室効果ガス排出量を六・〇％（二酸化炭素換算）削減することが定められていた。しかし第一約束期間前年の二〇〇七年、排出量は、基準年に比べて逆に九・〇％増えていた。では、どのように京都議定書の削減目標を達成するのか。第一約束期間が始まる直前の二〇〇八年三月二八日に改定された「京都議定書目標達成計画」によれば、削減義務量の六・〇％のうち、三・八％を森林吸収源対策、一・六％を途上国における排出削減対策による排出クレジット取得によってまかない、残りの〇・六％に加えて増えてしまった九・〇％、つまり合計九・六％を国内対策によって削減する計画となっていた。

ただし、注意すべきなのは、気候変動政策の全体像を捉えようとした場合、ここにはまだ隠れた対策があることである。つまり、二〇〇七年時点でいくつかの政策はすでに実施されており、それにもかかわらず排出量は増えていた。このため実質的な政策体系の全体像を捉えるためには、この計画が改定される時点においてすでに行われていた対策も考慮にいれる必要がある。地球温暖化対策推進本部の資料をもとにまとめられたOECD資料によれば、二〇〇七年時点で行われていた政策による削減量は一億六九〇〇万トンであり（OECD 2010: 127）、これは基準年比一三・四％にあたる（表2-1のa例）。つまり目標を達成するためには、これらの対策を続けつつ、追加的な対策を講じる必要があった。

では、これらの隠れた対策を含めた政策オプションの全体像はどのようなものなのだろうか。同じOECD資料に記載されている主要政策を整理して計算してみると、第一約束期間中、最も大きい削減量が見込まれていたのは、代替フロンへの転換などであり、これは、一九九〇年比換算で、五・五％を占める（表2-1のc列）。次に大きいのが産業界による自主行動計画であり、これが約五％。さらに再生可能エネルギーの普及、省エネ法に基づくエネルギー効率化促進がそれぞれ四～五％を占める。なお、トップランナー制度も省エネ法に基づくが、別の政策体系を構成していると見なして、ここでは分けて計算してある。これらの政策による削減量を単純に合計すると約三億四〇〇〇万トンとなり、必要対策分を超過するが、政策効果が見込みよりも少なかった場合に備えて計画がされていたと考えられる。

表 2-1　京都議定書目標達成計画（2008 年改定版）における各主要政策の排出削減量の割合（CO_2 換算）

主な政策	a）2007 年度の削減実績（万 t）	基準年比（%）	b）「追加的な」削減政策による削減量（万 t）	基準年比（%）	c）見込まれた 2008 ～ 12 年年間平均削減量（万 t）	基準年比（%）
追加的政策						
自主行動計画	–	–	6, 530	5. 2	6, 530	5. 2
原子力発電	–	–	1, 450	1. 1	1, 450	1. 1
ベース政策						
二酸化炭素以外の温室効果ガス（フロン等）の削減	5, 635	4. 5	1, 345	1. 1	6, 980	5. 5
補助金・減税等による再生可能エネルギーの促進	4, 561	3. 6	1, 119	0. 9	5, 680	4. 5
トップランナー制度	2, 963	2. 3	2, 147	1. 7	5, 110	4. 1
エネルギー効率化促進	3, 233	2. 6	2, 606	2. 1	5, 839	4. 6
その他の政策	514	0. 4	1, 776	1. 4	2, 290	1. 8
合計	16, 906	13. 4	16, 973	13. 5	33, 879	26. 9

出所：OECD（2010：127）より筆者作成。
注 1：この表における各列の合計は、上記資料に記載されている主要政策の削減量を合計したものである。
注 2：基準年比は当該削減政策による削減量を、1990 年度における温室効果ガス排出量 12 億 6, 100 万 t（CO_2 換算）で割ったものである。

何が「ベース政策」「追加的政策」を構成するのか

ここまで表2‐1のａ列およびｃ列について見てきた。ここまではＯＥＣＤ資料に記載されている内容である。では二〇〇七年時点においてすでに実施されていた政策に加えて、目標達成のために新たに加えられた、または強化された政策は何だったのだろうか。これを検討するためには、二〇〇八～二〇一二年に計画された削減量から二〇〇七年の削減実績を引けばよい（表２‐１のｂ列）。ここではこれを「追加的政策」とする。

ここで、それぞれの政策の性格の違いについて検討してみたい。前述のように二〇〇七年の時点において、すでにいくつかの政策は気候変動対策の一環として取り組まれていた。具体的には「二酸化炭素以外の温室効果ガス（フロン等）の削減」と「補助金・減税等による再生可能エネルギーの促進」「エネルギー効率化促進」などである。これらの政策群を「ベース政策」と名づける。目標達成のためには、これらの政策をさらに拡大する必要があった。

これらの政策に対して、「追加的な削減政策」において初めて、明確な削減数値が位置づけられた政策群がある。「自主行動計画」と「原子力発電」である。「ベース政策」に並ぶ政策群については二〇〇七年度の削減実績が記載されているが、これらの政策については記載されていない。

もちろん、これらの政策が行われていなかったということではない。原発は二〇〇七年の時点で五三基が建設され、稼働率は六一％だった。目標達成のためには、稼働率を高めるとともに、新規建設を進める必要があるとされた。同様のことは、自主行動計画についてもいえる。それまで経団連の自主行動計画は、文字通り産業界の自主的な取り組みとしての位置づけだった。だが二〇〇八年には明確に「政府の施策・制度」として位置づけられた（若林 二〇一三：一三四）。

だが、このような対策が追加的対策として位置づけられるのは自明なことではない。欧州では環境税や排出量取引といった、より制度的な手段がとられてきた。日本ではこのように産業界の自主行動計画を中心とした政策となっており、国際的に比較した場合の特徴とも言及される（例としてTorney & Gueye 2009）。それぞれの時期において選び取られる政策は、各国ごとに異なる政策過程の結果であると考えることができる。

それでは、なぜ、日本では「ベース政策」として再生可能エネルギーへの補助金や減税といった政策が中心的に進められ、なぜ「追加的政策」としては原発と自主行動計画が中心を占めたのだろうか。この理由を、政策ネットワークの構造から解き明かしていこう。

3 日本の気候変動政策ネットワーク

調査票調査の調査方法

第一節において述べたように、「政策ネットワーク」は、官民さまざまな団体の間に結ばれる協力・調整関係を指す用語である。それでは、気候変動政策の政策過程に関わる主要な団体を、どのようにして選んだらよいのだろうか。当然、そのようなリストは存在しない。そこで複数の手順を経て、なるべく広く候補となる団体を選び出した上で、主要な団体を絞り込んでゆく作業を行った。これは調査概要に記載した「共通作業手引き」の第四段階に相当する。以下、選定方法の詳細を記述する。

はじめに対象となる団体を、以下の二つのソースからリストアップした。

(A)審議会・検討会……二〇〇七年から二〇一一年八月までの気候変動問題に関連する審議会（小委員会を含む）、検討会計一一〇会議のメンバーリストに含まれる計六六四団体を抽出した。

(B)新聞記事……「温暖化・気候変動」を本文および見出し語に含む朝日新聞・読売新聞・日本経済新聞の記事中に登場する団体を抜き出した。抽出された団体数は一六二七団体であった。なおこれは「共通作業手引き」の第三段階の結果を用いたものである（ただし対象記事期間は二〇〇七～二〇〇九年である）。

次に、後に述べる団体類型ごとに、登場回数の多い順に団体をリストアップした上で、気候変動政策にくわしい二人の専門家（元環境省官僚の大学教員と気候変動・環境問題にくわしい大手通信社編集委員）との議論を経て精査し、最終的に一二一団体に絞り込んだ。

さらに、調査過程において対象となった複数の団体の担当者からの助言により、計四団体を追加した。調査は二〇一二年二月から二〇一三年七月にかけて行われ、調査メンバーがそれぞれの団体を訪ね歩いた。調査対象候補となった団体数は最終的に一二五団体であり、このうち七二団体が回答した（回収率五七・六％）。

なお対象団体類型ごとの回答団体数と、回収率は以下のとおりである。省庁（五団体、三八・五％）、政府系研究機関（九団体、七七・八％）、業界団体（一四団体、一〇〇・〇％）、民間シンクタンク（四団体、八〇・〇％）、ＮＧＯ（一〇団体、八三・三％）、地方政府（三団体、七五・〇％）、政党（五団体、七一・四％）、マスメディア（三団体、七五・〇％）、個別企業（一三団体、二八・九％）、その他（八団体、六六・七％）。

回答をもとに政策ネットワークの構造を分析してみよう。各団体には、次の二つの設問に関してリストを提示し、該当する団体にチェックをつけてもらった。

・「政策手段への態度を決めるにあたって助言を得ている組織はどこか」

・「人的・物的協力関係を築いている組織はどこか」

団体間のサポート関係の全体像を捉えるために、分析ではこの二つの設問への回答を足し合わせたデータを用いた。なお分析では、ある団体Aと別の団体Bのうちいずれか一方がチェックをつければ、団体A―B間にはサポート関係があるものとして判定している。

以下の分析では、もう一つ別の設問への回答も併用して分析する。各団体には、右記の設問と同じ形式で次の設問にも答えてもらった。

・「温暖化に関する国内の政策形成において、特に強い影響力を持っていると思われる組織はどこか」

このチェックのつけられた数を、団体ごとに合計し、「政治的影響力スコア」を算出した。実際にどの団体が政治的影響力を持っているのかを客観的に測定することは難しい。そこで、このように実際に政策形成に関わる団体自身の認識を足し合わせることで、影響力のある団体はどこかという問いに接近する。

図2-2はこの操作をもとに、政策ネットワークの構造を図示したものである。丸は各団体を示し、各団体を結ぶ線はサポートを示す。直接的なサポート関係にある団体同士が線で結ばれている。各団

体の位置は、より直接的な関係を持つもの同士が近くにプロットされる。丸の大きさは、「政治的影響力スコア」に基づいている。スコアが大きい団体ほど、丸が大きく表示される。丸の濃度は、後述の所属する「ブロック」によって分類されている。

はじめに全体的な団体の配置に注目したい。政治的影響力スコアで見ると、影響力の小さな団体が外側に、影響力の大きな団体が中央にプロットされている。そしてネットワークの緊密さで見ると、中央の方がより密になっていることが分かる。ここから二つのことを指摘できる。

第一に、影響力の大きな団体は、団体ネットワークのハブになっているということである。*1

第二に、影響力の大きな団体同士が互いに近くにプロットされており、これらの団体間でサポート関係にある。ここからは、影響力の高い団体同士によるコンセンサス政治が行われている状況が読み取れる。つまりこのネットワークのあり方は政治の分散化を防ぐ構図となっている。

次にもう少し細かくネットワークの状況を見てみよう。中央に大きな三つの丸がある。すなわち環境省（図中はMOE）、経産省（図中はMETI）、経団連（図中はKDR）である。つまり、これら三つの団体が、特に大きな影響力を持っていると認識されていることになる。

先ほど触れたように、これらの影響力の大きな団体はネットワークのハブになっている。つまり、この三つの団体を中心としてまとまり（ブロック）を観察できることになる。ネットワーク分析においては、このまとまりを抽出するために数々の手法が開発されているが、ここでは構造同値に基づい

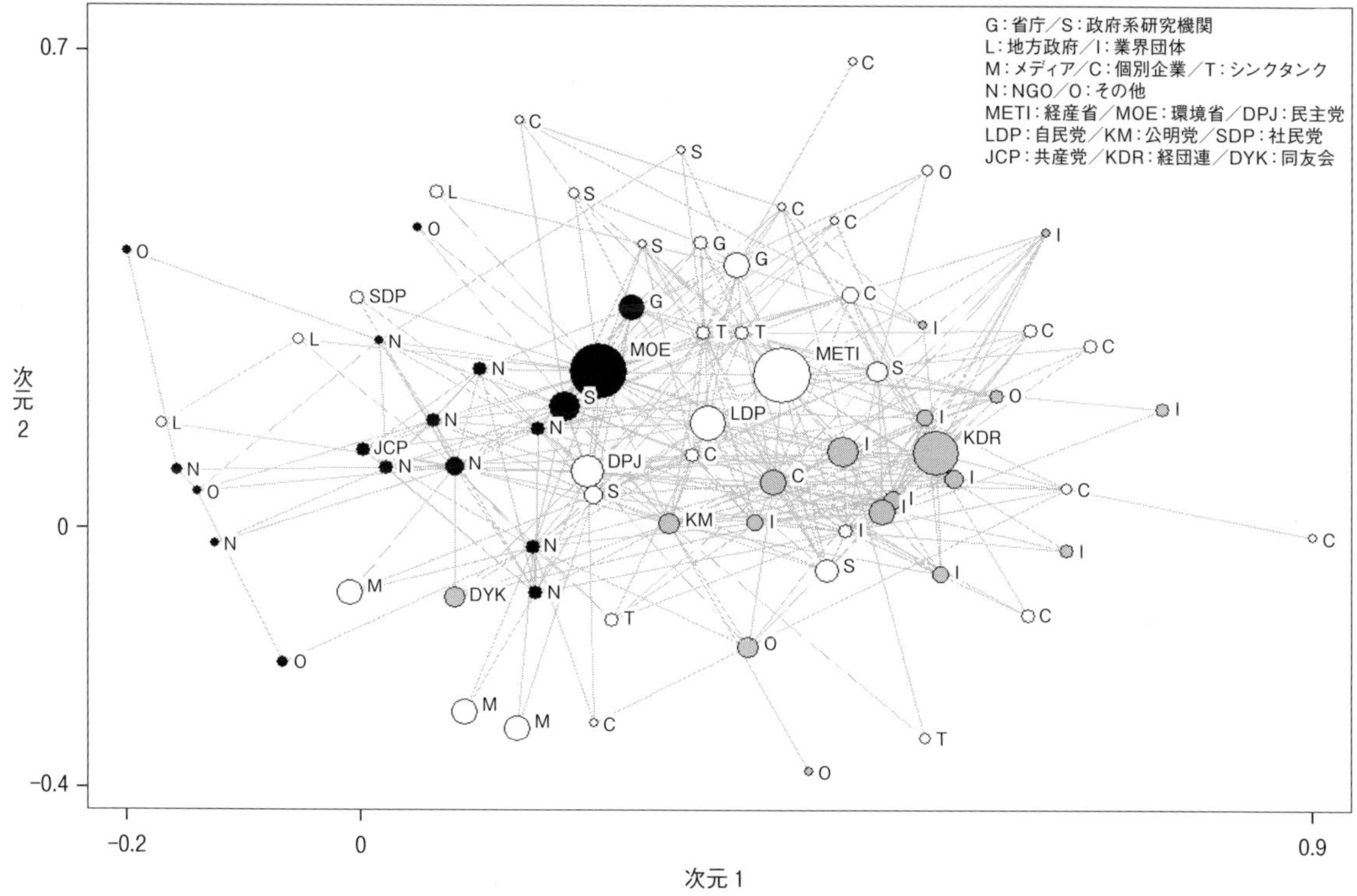

図 2-2　各団体の政治的影響力とサポートネットワークの構造

注：N＝72。丸の大きさは各団体の政治的影響力スコアに基づく。各団体の位置は測地距離の行列をもとにした多次元尺度構成法の値によってプロットした（Stress＝0.280）。各団体の色分けは各団体のサポート・ネットワークの行列を対象にしたブロック・モデリングの結果を反映させている。

たブロック・モデリングという手法を用いた。

これは、ネットワークパターンが似ている団体同士をまとめる手法である。たとえば、ある団体Aが経団連と関係を持つ一方、経産省・環境省とは関係を持っておらず、団体Bも同じパターンを持っているとする。この場合、団体Aと団体Bは、同じブロックに所属するものとして分類される。

前述のように図中の各団体の濃度は、このブロック・モデリングの結果が反映されている。それぞれのブロックに属する団体の構成には特徴がある。

図左側には環境省を中心として、政府系研究機関、NGOがある。これらが環境省ブロックを構成する。これに対して図右側の経団連ブロックには業界団体が並んでいる。最後に、図中央の経産省ブロックには、その他の省庁、自民党、民主党などの主要政党、シンクタンク、および政府系研究機関・メディアなどが並んでいる。個別企業に関しては経団連ブロックと経産省ブロックのいずれかが所属先となっている。

ここからは、三つのブロックを単位として見ていこう。図2-3は、ネットワークをブロックごとにまとめ、情報を要約したものだ。

まずブロック単位で見た場合、それぞれのブロックが、他のブロックとどのような関係を持っているのか、またブロック内部ではどの程度ネットワークがあるのかを見てみよう。それぞれブロックの「密度（density）」を取ることで、これを分析することができる。

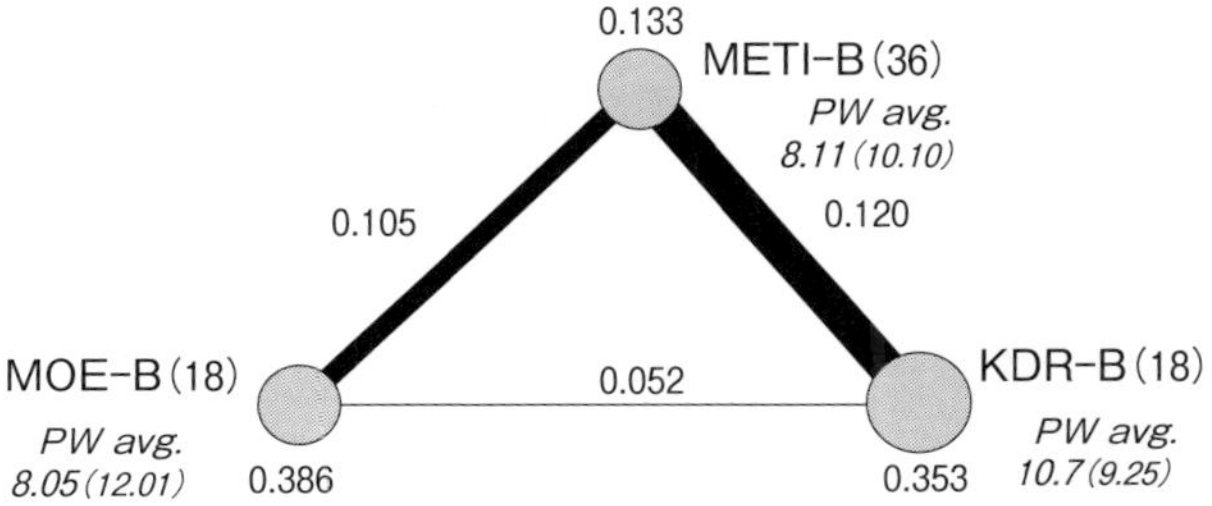

図 2－3　各ブロック内・ブロック間の密度および政治的影響力

注：各ブロック名の括弧内の数値はそのネットワークに属する団体数。線上部および丸付近の数値は、それぞれブロック間、ブロック内の密度。*PW avg.* の数値はそれぞれのブロックに属する団体の政治的影響力スコアの平均値、括弧内の数値は標準偏差をそれぞれ表す。

密度とは、それぞれの団体の間で全体として何％のサポート関係があるかを計算したものだ。たとえば、ブロックαに三団体（a・b・c）、ブロックβに二団体（d・e）がいるとする。ブロックα内において、すべての団体がサポート関係を持ち合っていれば、三通りのつながりが観察されるはずである（aとb、bとc、cとa）。だが、実際には、このうち一通りしかつながりが観察されなかったとしよう（aとbのみ）。その場合、このブロック内では、三分の一、つまり三三％しかサポート関係がないことになる。よって、ここでの密度は〇・三三となる。同様にブロックαとブロックβとの間には、最大六通り（aとd、aとe、bとd、bとe、cとd、cとe）のサポート関係があるはずだが、実際には一通りしかなかったとする（aとdのみ）。この場合、ブロックαとブロックβの間の密度は六分の一なので、〇・一七となる。つまり、密度は、どのくらい「濃い」サポート関係があるのかを表したものだ。

はじめにブロック内部の密度を比べてみよう。環境省ブロック、経団連ブロック内のサポートネットワークの密度はほぼ同じ程度である（〇・三九と〇・三五）。これに対して、経産省ブロック内の密度は比較的小さい（〇・一三）。つまり経産省ブロックの密度は、その他二つのブロックに比べると大きくない。

次にブロック間の密度に注目したい。環境省ブロックと経団連ブロックの間の密度は非常に小さい（〇・〇五）。両ブロックの間にはほとんどサポート関係がないことがわかる。一方、両ブロックと経産省ブロックとの間には、ほぼ同じ程度の密度がある（〇・一一と〇・一二）。

以上の状況を解釈すると、環境省ブロック、経団連ブロックは、それぞれブロック内の団体同士でサポート関係のまとまりをつくった上で、経産省ブロックへのサポートを提供しあっている。つまり、経団連ブロックと環境省ブロックが、経産省ブロックをいわば「綱引き」している構図であることになる。

それでは、それぞれのブロックの政策形成への影響力はどの程度なのだろうか。ここでは各ブロックに属するアクターの「政治的影響力スコア」の平均値を比べてみたい。すると、経団連ブロックの平均は、他の二ブロックに比べやや大きく（一〇・七）、かつ標準偏差も小さい（九・二五）。すなわち、記述統計上は経団連ブロックが最も大きく、かつまとまった政治的影響力を持っている。ただし、統計的に有意な差はない。つまり経団連ブロックの持つ影響力と、他の二ブロックのそれには、決定的といえるほどの差があるとは言い切れない。このことは政策過程にある種のバランスを生じさせる重要なポイントであると考えられる。この点に関しては、第四節において再び触れたい。

政策選好と政策ネットワーク

日本の気候変動政策ネットワークは、経団連ブロックと環境省ブロックが経産省ブロックを間に綱引きしている状況であることを確認した。それでは、それぞれのブロックは、どのような政策を推し進めようとしているのだろうか。それぞれのブロックに属する団体がより望ましいと考えている政策を、政策選好と呼ぶ。ここからは、ブロックごとの政策選好を考えてみよう。

まず、それぞれの団体の政策選好をどのように捉えるのかが課題となる。各団体には、次のような質問をした。

・「次に挙げる政策手段は、日本の温暖化政策としてどの程度有効でしょうか。それぞれの項目について、貴組織のお考えに近いものに○をつけて下さい」（五段階評価）。

団体の回答を眺めてみると、いくつかの傾向があることが見えてきた。たとえば、温暖化対策税に賛成している団体は、排出権取引にも賛成する一方、原発には反対するというようなパターンだ。多くの団体がこのような回答をする背景には、何らかの評価軸があるものと考えられる。因子分析はそのような回答の背景に働く評価軸を統計的に見出す手法である。ここからは因子分析（プロマックス

表 2－2　気候変動政策への有効性感覚に関する回答の記述統計と因子分析結果

因子名（α係数）	記述統計		因子負荷	
Ⅰ「制度的／自主的対策」因子（α＝.846）	平均点	標準偏差	Ⅰ	Ⅱ
Ⅰ－1　国内排出量取引制度	3.31	1.35	0.87	0.03
Ⅰ－2　温暖化対策税（炭素税）	3.75	1.19	0.74	0.14
Ⅰ－3　都道府県による温室効果ガス削減政策	3.66	1.12	0.67	0.10
Ⅰ－4　セクター毎の法的な温室効果ガス排出削減	3.75	1.35	0.69	0.20
Ⅰ－5　原子力発電の拡大*	3.37	1.39	－0.57	0.27
Ⅰ－6　セクター毎の自主的な温室効果ガス排出削減*	3.92	0.97	－0.71	0.31
Ⅱ「補助金・技術開発」因子（α＝.835）				
Ⅱ－1　バイオマスエネルギーの利用拡大	4.09	0.86	0.11	0.84
Ⅱ－2　再生可能エネルギーへの補助金	4.15	0.81	0.09	0.78
Ⅱ－3　植林と森林荒廃の防止	4.34	0.80	－0.18	0.74
Ⅱ－4　二酸化炭素回収貯留技術（CCS）の利用	3.77	1.10	－0.23	0.62
Ⅱ－5　カーボン・オフセット	3.78	0.82	0.06	0.64
(N＝65)		因子相関	Ⅰ	Ⅱ
		Ⅰ	－	
		Ⅱ	0.37	－

注：因子分析の結果から、*の項目はα算出においては逆転項目として扱っている。

回転、最尤法）の分析結果をもとに検討を続けよう。

表2－2は、この因子分析の結果を示したものである。分析の結果、政策選好の背景には、大きく二つの因子が見出された。それぞれの因子に対して、後述の理由から因子名を付けた。

まずⅠ「制度的／自主的対策」因子の記述統計欄を見てみたい。この因子を構成する政策の平均点は中程度のものが並んでおり、かつ標準偏差が大きい。つまり全体的に評価が割れている項目であることが分かる。次に、因子負荷の符号を見てみると、プラス側に並んでいるのは国内排出量取引制度や温暖化対策税など、何らかの公的制度を導入することで温室効果ガス排出構造の転換を促す政策である。これに対してマイナス側には、拘束力を持つルールではなくセクターごとの自主的な対策と原子力発電の拡大による解決を目指すものが並んでいる。

なおこの政策の並び方はあらかじめ筆者が設定したわけではないことに注意されたい。そうではなく、繰り返しになるが、調査データが全体として、プラス側の政策を支持する団体は、マイナス側に並ぶ政策を支持しないし、逆にマイナス側に並ぶ政策を支持する団体は、プラス側の政策を支持しないという傾向があったことから、統計的な分析の結果、このような因子が導き出されている。逆にいえば、この並び方は自明ではない。たとえば、オバマ政権は、原子力発電の拡大と排出量取引両方の導入を主張していた。日本においては、原子力発電の拡大がされることで、排出係数が良くなり、それによって、各セクターの省エネ努力が排出削減により大きく反映されると議論されてきたため、両者は同じ自主的対策の側を構成するように回答されていると考えられる。

第Ⅱ因子である「補助金・技術開発」因子を構成する政策では、平均点が全体的に高く、二酸化炭素回収貯留技術（ＣＣＳ）の利用を除いて標準偏差も小さめである。バイオマスエネルギーの利用拡大や再生可能エネルギーへの補助金、ＣＣＳの利用など、財政出動をともなう政策が並んでいることが分かる。

ここで、この因子の並び方が、第二節で見た「ベース政策」と「追加的政策」の組み合わせに似ていることに気がつくだろう。「補助金・技術開発」因子を構成する再生可能エネルギーへの補助金や

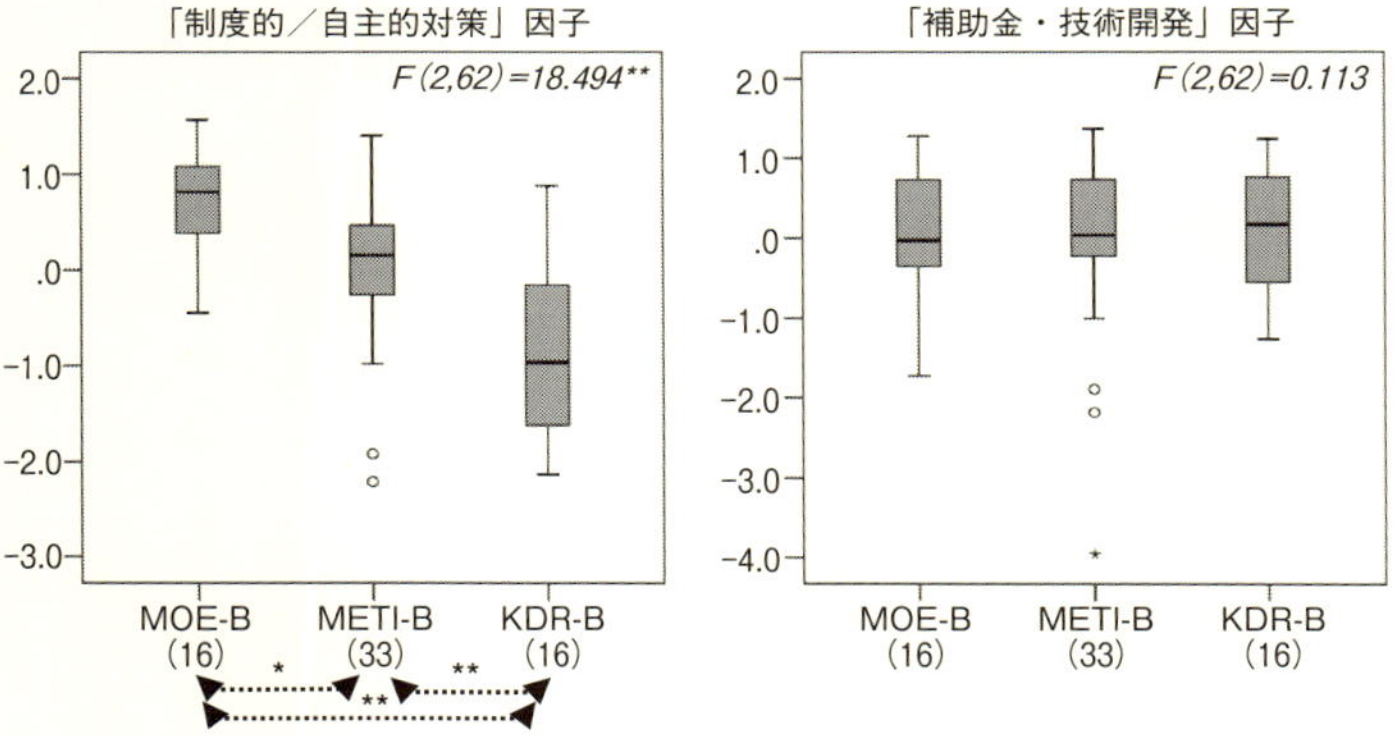

図 2－4　ブロックごとの政策選好の箱ひげ図

注：各ブロックを結ぶ矢印上の記号は、Tukey の HSD による多重比較の結果を表し、*は 5％水準、**は 1％水準でのそれぞれ有意を表す。

バイオマスエネルギーの利用拡大などは、表2－1の「補助金・減税等による再生可能エネルギーの促進」との関連性を示唆する。一方、「制度的／自主的対策」因子の負の側に並んでいる原子力発電の拡大やセクターごとの自主的対策は、「追加的対策」において、明確に位置付けられた項目であった。

要するに、第Ⅰ因子「制度的／自主的対策」因子は「追加的な削減政策」において中心を占める政策群への評価軸、第Ⅱ因子「補助金・技術開発」因子は「ベース政策」において中心を占める政策群への評価軸に対応すると考えられる。なお、「ベース政策」において大きな削減量を占めていた代替フロン政策は、設問には入っておらず、今回の調査では因子の判定ができないことに留意されたい。

それでは、いったいこの政策選好の因子分析の結果と、政策ネットワークのブロックはどのように関係するのだろうか。

図２‐４は、ブロックごとに政策選好を箱ひげ図で示したものである。先に「制度的／自主的対策」因子について見てみよう。環境省ブロックが制度的対策を支持するのに対して、経団連ブロックが自主的対策を支持している。そして、経産省ブロックは両者の中間にあたる選好を示している。これは、環境省ブロックと経団連ブロックが両極となり、経産省ブロックがその中間に位置する図２‐３のサポートネットワークの配置ときれいに対応している。一方「補助金・技術開発」因子について見た場合には、ブロックごとの違いは明確ではない。このことをどのように解釈したらよいのだろうか。次節ですべての知見を統合して考察しよう。

４ 政策の特徴はどのように生み出されるのか

第三節では、日本の気候変動政策ネットワークには環境省ブロック・経産省ブロック・経団連ブロックの三つが存在し、「制度的／自主的対策」因子に関しては、サポートネットワークの各ブロックの配置と対応していることを確認した。

前述のとおり「補助金・技術開発」因子に並ぶ政策は、二〇〇七年までの時点で構成比が大きいものだった（表２‐１のａ列）。その理由は、図２‐４で見たように各ブロックの政策選好に違いがなく、かつ全体的な評価も高かったことによると考えられる。このため、これらの政策は争点にならず、アジェンダとして政策過程に取り入れられれば、比較的大きな政治的緊張を伴わずに実施ができる。このため、「ベース政策」になるのである。だが、これらの対策では目標を達成するほどには十分な効果を発揮することができなかった。

そこで、「追加的対策」が必要となる。だが、補助金や減税といった政策を拡大するには国家財政に限りがあるため、財政出動を伴わない何らかの別の政策が必要になる。ここで候補になるのが「制度的／自主的対策」因子に並ぶ政策群である。だが、これらの政策への各ブロックの選好の違いは大きい。すなわち、各セクターの負担と産業構造の変動をともなう温室効果ガスの排出規制と削減負担の再分配を促す制度的対策か、それともフリーライダー発生の恐れのある自主行動計画と事故リスクを伴う原子力発電の拡大とを組み合わせた政策かの、いずれかをめぐって議論が起きた。いずれも政治的緊張を伴う政策である。この綱引きにおいて、経団連ブロックの政策選好の方が、ブロック内の政治的影響力がまとまって大きいため、環境省ブロックの政策選好に比べて、より反映されやすい。こうして選び取られたものが「追加的政策」に並ぶことになる（表2‐1のb列）。

以上のように、賛同の得られやすい「ベース政策」と、ブロック間の綱引きの結果選択される「追加的政策」という二つの政策過程によって、全体として、補助金や減税による省エネ・再生可能エネルギーの普及と、原子力、自主行動計画という日本の気候変動対策の特徴が生み出されると考えられる。

さらに三極構造であること、および経団連ブロックの政治的影響力が大きいものの他の二ブロックを圧倒するほどではないことは、独特の意味を持つと考えられる。すなわち、経団連ブロックがこの緊張関係から離脱することはできない。離脱した場合には残りの二ブロックの間で政策決定がなされる可能性があるためである。このため経団連ブロックの政策選好がより強く反映されつつも、本来自主的であるはずの「自主行動計画」をまったく実施しないという決定にまでは至らないというバランスが働くことになると考えられる。

5 どのような場合に政策の変化は起きるのか

冒頭で述べたように、個別の気候変動政策や国際交渉に注目する分析では、日本の気候変動政策過程は、経産省と環境省という二つのアクターの対立として理解されることが多かった。このような理解の仕方には、誰か強力なアクターがいて、それが政策を推進したり、阻止したりするという前提がある。私たちは、しばしば政治の理解において、誰か大きな権力を持つアクターの存在を想定し、何か問題があれば、その責任に帰すという発想法をしがちだ（杉田二〇〇〇：一七）。これは逆の場合にもいえる。つまり、何か「良い」政策が見られた場合に、それを特定のアクターの道徳性の評価に結びつけるやり方だ。気候変動政策においては、自主行動計画が可能になる根拠に、日本企業の「真面目さ」をあげる向きが多い。だが、それは社会勢力の関係性の中から生み出されるものだ。

ネットワーク分析は、特定のアクターではなく、全体的なバランスに目を向けさせる。ここまでの分析を踏まえて本章にある問い「誰が政策形成に関わるのか」に答えると、政策形成に関わる団体の全体が、ということになる。したがって、政策変化の可能性を探るならば、特定のアクターではなく、この勢力間のバランスの変化という視点からの考察となる。終わりに、本章の分析を踏まえて、どのような場合に、このバランスが変化するのかを考えてみよう。ここでは、いくつかの変化の可能性が考えられる。

第一に、既存の政策ネットワークを前提とした場合にポイントになるのは経産省ブロックに属する団体の動きである。環境省ブロック、および経団連ブロックは、それぞれNGOや業界団体という政治的立場の変化の見込みの少ない団体によって構成されている。これに対して、経産省ブロックに属する団体は、他省庁・メディア・シンクタンク、および企業など政策的な立場の移動しうる団体が多い。なお気候変動に関しては政党も世論に応じて比較的柔軟に変化する主体である。つまりこれらの経産省ブロックに属する諸団体に対して、経団連ブロックと環境省ブロックのどちらが、より緊密にネットワークを形成できるかで、綱引きの結果が異なってくると考えられる。

また、同じ経産省ブロック内に位置する主要政党でも、自民党と民主党の位置取りは、サポートネットワークと政策選好のどちらにおいてもやや異なっている。このため政権を取った政党の位置取りによって、政策変更が起こることになる。実際、民主党政権下では、同じ第Ⅰ因子に並ぶ政策群の中でも、環境省ブロックの政策選好により近い政策が決定された。

第二に、気候変動対策の重要度が低下した場合である。この場合には、財政出動を伴う「補助金・技術開発」因子に並ぶ政策への取り組み具合が弱くなることはもちろんだが、「制度的／自主的対策」因子の一方に並ぶ原子力発電・自主行動計画といった対策も強力には進められなくなる可能性がある。これらの対策は制度的な対策への対抗手段として進められるものであるため、環境省ブロックが制度的対策導入・強化を強く打ち出さなくなれば、対抗的な手段を推進する必要もなくなるからだ。いわば、「綱引き」の綱が弛緩した状況となる。ポスト京都において、日本は、国際的に見て高いとはいえない目標を掲げている（明日香 二〇一五：八九―一五五、Climate Action Tracker 2015）。そのような現在の状況下において、このことは起こりうる。

第三に、制度的対策であっても補助金としての性格を併せ持つ政策が、選択肢として提出され、政策選好を変える団体が現れた場合である。これは現在のサポート関係を変化させ、ブロックの再編を促しうる。喜多川進（二〇一五）は、ドイツにおける容器包装令においては、容器包装の回収・リサイクルを産業界に義務づける一方で、回収費用の消費者への価格転嫁と廃棄物ビジネスの拡大という経済政策を統合することで、産業界の大部分が賛同に転じ、拡大生産者責任に基づく廃棄物政策が導入されたという経緯を報告している。再生可能エネルギーの固定価格買取制度（ＦＩＴ）は、この種の性格を持っており、実際、産業界内部でもＩＴ産業や商社を中心にこの政策を後押しする動きが見られる。ただし、そのような変化が政策形成過程に影響を持つためには、政治的影響力の強いアクターがこれらの新規市場へ参入することが必要であり、産業の流動性が少ない場合には働きにくい。産業の流動性の増加と新規参入の障壁となるような規制の緩和がこの変化の前提となる。

最後に、本研究の留意点について述べておきたい。第二節で用いたデータの年である二〇〇八年と第三節の調査時点の二〇一二〜二〇一三年との間に時間的ズレがあることである。この間、二〇一一年の福島第一原発事故は、日本の気候変動政策の根本的な再構築を迫った。ただし本研究から得られる日本の気候変動政策ネットワークの基本構造に関する知見を変えるほどの影響はもたらさなかったと考えられる。その理由は原発事故の前後で、主要なアクターの構成に大きな違いはないからだ。もっとも、政策選好については若干の変動があったと考えられる。インタビューを行った際、原発事故に言及して、気候変動対策としての原発の有効性をダウングレードさせる回答が多く見られた。このため、図２‐４に表れている二〇一三年の時点の結果は、仮に二〇〇八年に調査が行われていた場合の結果よりも、「制度的／自主的対策」因子の軸上において、ややプラス側にシフトしたものであると予想することができる。

これまで取り入れるべき対策に関する議論は経済学を中心にさかんに行われてきた。だが、対策アイデアが政策へと結実する政策過程に関する研究蓄積は十分とはいえない。本章で分析した三極モデルは、この基礎的な知見を提供することになるだろう。

追記

本章は佐藤（二〇一四）をその後の議論を踏まえながら大幅に改稿したものである。また本研究は、日本学術振興会科学研究費補助金（課題番号一一J〇七四五九、一五J〇三〇八九）の助成を受けたものである。

注

＊1　実際に政治的影響力スコアと、団体が持つサポートの数（ネットワーク分析における「次数（degree）」）で、スピアマンの順位相関係数を取ると、〇・六四（一％水準で有意）と、高い相関がある。

【コラム……2】

ネットワーク分析とブロック・モデリング

佐藤圭一

第二章ではネットワーク分析の手法の一つである構造同値（Structural Equivalence）に基づいたブロック・モデリングを用いて分析を行った。ここではその基本的な考え方を紹介したい。

例としてA〜Fの六人のアクターの間に図Aのような繋がりがあるとする。このとき｛BとE｝および｛CとDとF｝は互いのラベルを入れ替えても、繋がりの構造は変化しない。つまり構造同値の関係にある。

同じことを表で作業してみよう。図Aは、表Bのように表せる。ここで行列を適宜入れ替えることで、構造同値の関係にある｛A｝、｛B、E｝、｛C、D、F｝の三つの組（ブロック）を見つけ出すことができる（表C）。ブロック・モデリングとは、このように使用する指標にそって、表中でアクターの配置を整理する手法である。なお実際の分析では、完全な構造同値は少数しか観察することができないため構造同値に近似するアクター同士をまとめてゆくことになる。

参考文献

安田雪　一九九七『ネットワーク分析――何が行為を決定するか』新曜社。

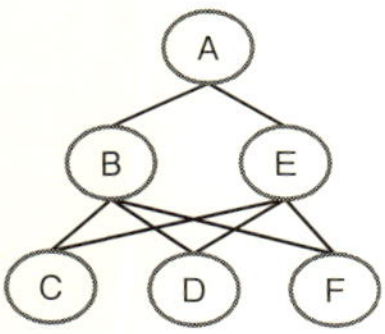

図A

表B

	A	B	C	D	E	F
A	0	1	0	0	1	0
B	1	0	1	1	0	1
C	0	1	0	0	1	0
D	0	1	0	0	1	0
E	1	0	1	1	0	1
F	0	1	0	0	1	0

表C

	A	B	E	C	D	F
A	0	1	1	0	0	0
B	1	0	0	1	1	1
E	1	0	0	1	1	1
C	0	1	1	0	0	0
D	0	1	1	0	0	0
F	0	1	1	0	0	0

第3章 メディアはどう扱ってきたか
新聞と出来事を織り込む

池田和弘

1 新聞を読むという経験

新聞を一言一句読む人はまずいない。一面から開き、見出しを拾いながら次のページをめくる。そうした飛ばし読みの手触りが、新聞を読む特異な経験を作り出している。

この触覚的な経験は、小説を中心とする読書とは決定的に異なる。読書の悦楽を知っている人なら誰しも経験するように、読書にはテクストが描く世界への没入感がつきまとう。本を読んでいると時を忘れてしまうのもそのせいだろう。新聞にはそうした没入感はない。むしろ、適度な距離をとって、時を刻み込むメディアといった方がよいくらいだ。

一日を単位として発行されるという発行サイクルの効果はもちろんあるが、それだけではない。朝刊という単位性を起点として新聞を読むことによって、「その日に知っておくべきことが分かった／分かっている」という了解が、広く共有される効果の方が大きい。だからこそ、「新聞くらい読んだらどう？」という教養主義的でおせっかいな言説が、インターネット時代に入ってもなお繰り返されているのだろう。

インターネットは新聞を読む経験に、情報をたどるという新たな感触を持ち込んだ。たどるといっても新聞の裏がとれるわけではない。表と裏、あるいはメディアと現実という二元論的な形式というよりは、情報から情報へ、情報が張っている糸《リンク》を横へ横へとずれていく感触がある。そこでは新聞記事はもちろんのこと、それについての解説、つっこみや揶揄までが、中心となる話題を少しずつずらして、リンクという形で階層化しながら同じ平面に定位する「フラットさ」を出現させている（現代日本のフラット化の諸相については、遠藤編（二〇一〇）が数多くの拠点から多面的に描き出している）。

そのため、インターネット上で読む新聞記事は、紙面で読む場合とは少し違った感触をもたらすことが多い。紙面上と同じように、ページという形で記事の単一性を持ち込んではいるが、リンクをたどることによる情報の連鎖的発生が、単一の記事があるという感覚を次第に薄れさせていく。だが、この感覚も実は、新聞を読むという経験とほどよく共振する。見出しを拾いながら飛ばし読みをする新聞と、リンクをたどりながら情報を連鎖的に発生させるインターネット。この二つは単一性をそのつど解除しながら、情報の意味を身体物理的に、「分かった」という感覚として出現させている。

かつてメディア論のM・マクルーハンは「メディアはマッサージである」と言ったが、新聞を読むという経験は単に情報を摂取するということだけにとどまらず、特異な身体感覚として現れる(McLuhan & Fiore 1967=2015)。その意味で、インターネットで新聞を読むということもまた、見出しから見出しへと移っていく、あの身体的な感触の正統な末裔である。新聞を読むか、それともインターネットで十分か、という同位対立的な言説もその系であり、新聞がインターネット時代においても情報の事実上の標準《デファクト・スタンダード》たりえている理由も、おそらくここにあるのだろう。

2 気候変動を刻む

一見すると無関係のように思えるが、温暖化や気候変動と呼ばれる現象も、新聞を読む経験と同じような社会的な機制《メカニズム》を持っている。

気候変動が社会的な現象であるのは、それが人為的な原因を持つからということだけでなく、その影響が私たちの日常生活や、社会の仕組みそのものに及ぶからである。一九八〇年代後半から九〇年代初頭にかけての冷戦崩壊の時期に、それとちょうど入れ替わるように、地球環境問題は国際政治の舞台に現れた。五〇年、一〇〇年先の地球のあり方を考えるという時間的な地平の広がり方もあって、現在では失われた「大きな物語」の代用品として機能している側面もある。

けれども、やはり冷戦と比べると、気候変動は多くの出来事を位置づけ、意味づけ直す「大きな物語」として機能するには、意味を回収する重力が弱い。一応「大部分の日本人にとっては」と留保つきでいえば、温室効果ガスの排出量が増加することによって地球の平均気温が二度上昇するといった自然科学的な話や、その結果として私たちの社会生活に影響が出るのはだいぶ先のことになるという点でも、一触即発の全面核戦争を想定した冷戦時代とは、やはり問題の切迫感が大きく異なっている。

一般的に環境問題は被害と加害という形で社会問題化されることが多いが、気候変動の場合には、突き詰めて考えれば、産業社会的な生産／消費の仕組みによって発生する温室効果ガスの排出に由来するため、誰が被害者で、誰が加害者であるという絶対的な線引きをすることができない。そのため、私たちのこの豊かな生活に原因があることをなんとなく自覚しながらも、自分に関わる問題なのか、それとも関係ないと言ってよいのか、はっきりしないまま、その間を行ったり来たりしているというのが実際のところだろう。

「地球規模で考えて、足元から行動する（Think Globally, Act Locally）」という標語が指し示しているように、抽象的に「考える」平面と、具体的な物事が発生し、「行動する」平面には小さくない開きがある。たとえば、猛暑や干ばつやサンゴの白化などといった、それ自体は局所的で具体的な出来事を、私たちは「地球環境」という抽象的で大きな領域に関係づけて理解する。気候変動問題の一局面として位置づけ、個別具体的な現象を今ここで語るべき理由を、そこから引き出すのだ。

それがある程度の密度で繰り返し発生するようになれば、逆に、抽象的な問題が具体的な感覚の層に編成されるということも起きるようになる。気候変動問題がセンセーショナルなメディア的出来事《イベント》と親和性が高いのもそのためだろう。多くの日本人にとって、温暖化は、大洋の中に崩壊していく極地の巨大な氷塊の映像とともに現れた。融けることを想像だにしなかった分厚い氷の層が裂けて、割れて、沈んでいく映像の衝撃《インパクト》が、残された南極ペンギンやホッキョクグマへの悲哀の感情とともに、身体的な感覚として刻み込まれていった。

こうした具体的な身体感覚が、気候変動問題という抽象的な問題の実定性につながっている。映像《メディア》の効果によって発生した身体的な感覚が、小さな出来事の個別性を融解し、抽象的な問題の具体的な層に編成される。気候変動問題という大きな物語は、そうした具体と抽象の平面の折り返しと、出来事の意味の多重的な織り込みの連続的な作動の効果として発生する。その意味で、新聞記事を読むときの感触と気候変動を知っているという感触は、かなり近接したところにあるのだ。

3 新聞記事から気候変動をみる

そのため、気候変動の社会的な意味の広がり方を考える上で、新聞記事において気候変動がどう語られているかを見ることは、分析上のよい拠点になる。出来事と解釈、具体と抽象、平面の折り返しと意味の織り込みといった、いくつかの仕組みを経験的かつ反省的に考えられるからだ。

歴史的な意味でいえば、現在は京都議定書からポスト京都の枠組みに向かう谷間にあたり、ここから先の気候変動対策を、日本としてどうするか考えなくてはならない時期に差し掛かっている。そうした刻んでいく時計の中で、私たちの「知る／分かる」の感覚はどのような具体性の層において発生しているのか。気候変動を意味づけ、気候変動に意味づけられる、私たちの生活形式が織りなす社会的な意味の動きを追尾する必要がある。

ＣＯＭＰＯＮプロジェクトは、このような関心のもとに、新聞記事による社会編成の観点から気候変動問題を比較社会学的に研究することを目指した研究プロジェクトである。国際比較を念頭においているため、基本的な調査の設計と分析手続きについては共通の作業手順を作成し、それに基づいて、各国の研究班が自国の新聞記事を抽出、調査、分析するという手順をとっている。分析対象とする新聞の選択についても、比較可能性をもたせるために、各国ごとに「革新的（progressive）」「保守的（conservative）」「経済的（economic）」視点を代表する主要な新聞を一紙ずつ選んだ。日本の場合には、朝日新聞、読売新聞、日本経済新聞の三紙である。

各新聞社が提供している新聞記事データベースから、一九九七年と二〇〇七～〇九年を対象に「温暖化 OR 気候変動」を検索語として記事を抽出し、確率比例抽出法によって記事数を約三分の一に圧縮して作成した気候変動記事データベースが、以下の分析の基礎になっている（記事検索には、朝日新聞は「聞蔵Ⅱビジュアル」、読売新聞は「ヨミダス歴史館」、日本経済新聞は「日経テレコン21」を利用した）。

このデータベースをもとに、記事が重点をおく〈主な内容〉を六種類、記事が扱っている〈社会的空間的なスケール〉を五種類に分類し、全体の傾向を分析した。具体的なコーディング法を、実際の記事を一部抜粋したものを用いて説明しよう。

ＥＵ先駆者の試練（下）きれいな電気拡大を探る　原発位置づけ各国で違い

「温暖化防止には原子力を加えた多様な対応が効果的だ」。ブラウン政権は原発拡大に理解を訴える。しかし、ドイツのメルケル政権は脱原発路線を堅持。新設どころか延命も認めない。

（日経新聞二〇〇八年三月二九日朝刊九頁より一部抜粋）

この記事の場合には、具体的な政権の名前が出てくるので〈主な内容〉は「政策形成」、また、ＥＵの話題なので〈社会的空間的なスケール〉は「アジア域外」としてコーディングする。大部分の記事はこのように比較的容易にコーディングできたが、場合によってはどのコード値をあてるか迷うこともあった。特に〈主な内容〉で「政策形成」と「経済的利益」の間で迷うことが多かった。その場合には、記事を深く読み込んだ上で決めるよりも、ざっと読んだときの印象を重視した。その方が私たちが新聞を読むときの日常的な経験に近いからである。

4 出来事としての「一九九七年京都」

では、さっそく調査データの分析に入ろう。

図3-1は温暖化/気候変動の記事件数の経年変化を三紙別に、一九九七年から二〇一四年までの範囲で示したものである。この図から、一九九七年に大きな山が、二〇〇一年と二〇〇五年に小さな山が、そして二〇〇七年から二〇〇九年にかけてさらに大きな山が、合計四つの山が確認できる(全記事数に対する温暖化/気候変動記事の掲載率も同様の形状になった。詳しくは池田・平尾(二〇一一)を参照のこと)。

まず、前半の三つの山に対応する出来事を確認しよう。一九九七年は気候変動枠組条約第三回締約国会議(COP3)が京都で開かれた年である。京都会議はこの年の一二月に開かれ、そのおよそ二か月前にあたる一〇月ごろから、記事件数がその前の三~四倍へと大幅に増加することがコーディング段階で確認できた。会議中に採択された議定書に京都の名前が冠されたこともあって、その後の日本における報道の基調を作り上げた大規模なメディア・イベントになった。

その後に続く二つの山は、二〇〇一年の山がアメリカの京都議定書からの離脱、二〇〇五年の山が京都議定書の発効の年にあたる。これらの前半三つの山から分かるように、日本の温暖化/気候変動

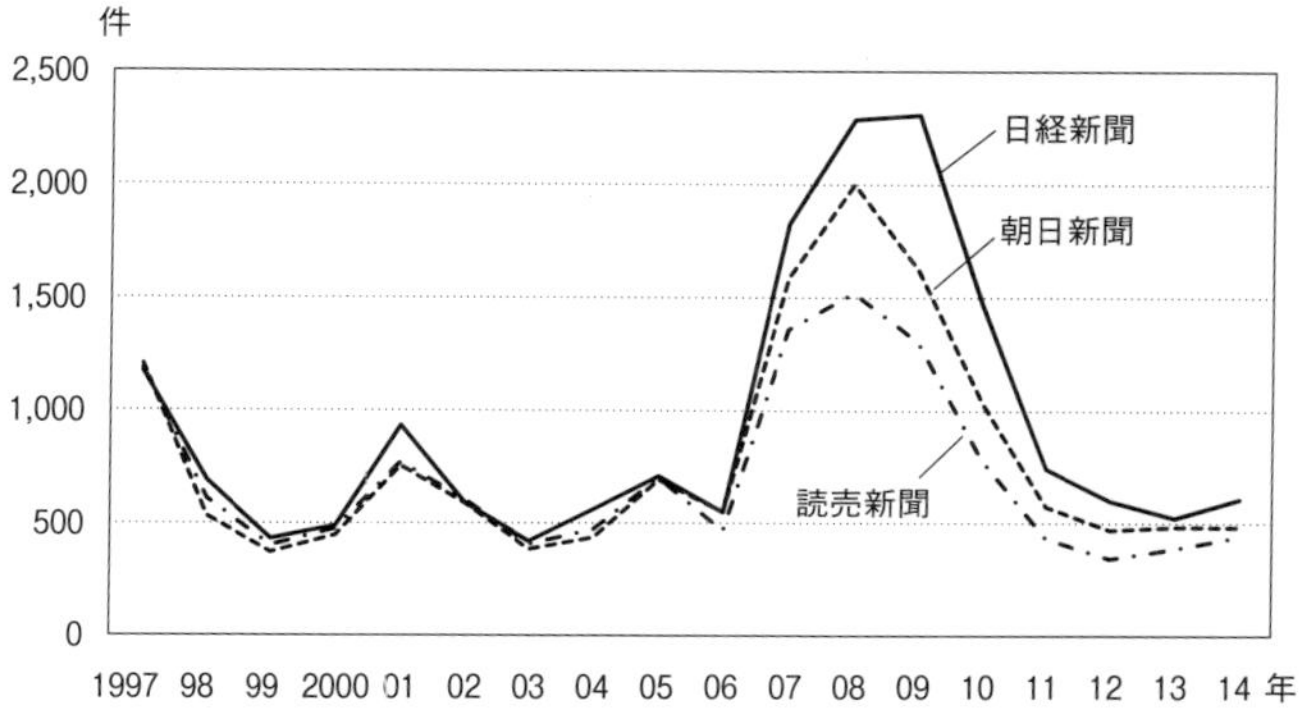

図 3－1　温暖化／気候変動に関する新聞記事件数の経年変化

報道は、京都議定書の主な動きに沿って変動する傾向がある。

前半は「山」と呼ぶのにふさわしいように、出来事が起きると増加し、その後はしばらく沈静化する。しかし、後半はむしろ「高台」と呼んだ方が適切かもしれない。二〇〇七年に前年比で三倍から四倍の記事件数の増加が見られ、その後二〇〇九年まで持続して、二〇一〇年以降は急激に低下した。

二〇〇七年はアメリカ元副大統領のアル・ゴアと、気候変動に関する科学的なレポートを作成しているＩＰＣＣがともにノーベル平和賞を受賞し、そのＩＰＣＣが第四次評価報告書を発表した年である。続く二〇〇八年には京都議定書の第一約束期間に入る。この年、アメリカでは民主党のバラク・オバマが次期大統領に当選し、日本では七月に気候変動問題を中心的な議題とするサミットが北海道の洞爺湖で開かれた。国際的な情勢、国内的な事情ともに、気候変動が大きくクローズアップされた年である。このころから二〇一二年以降のポスト京都の枠組みをめぐる動きが活発になってくる。

その流れの中で、二〇〇九年には中国がアメリカを抜いて世界第一位の温室効果ガス排出国となる。同年九月に開かれた国連総会で、鳩山由紀夫首相が二〇二〇年までに温室効果ガスを一九九〇年比で二五％削減することを表明し、一二月にコペンハーゲンで開かれたCOP15で、ポスト京都をめぐる交渉が決裂した。この辺の出来事はまだ記憶に新しいところだろう。

一九九七年の京都会議、二〇〇一年のアメリカ離脱、二〇〇五年の京都議定書発効を経て、二〇〇七年以降の京都議定書第一約束期間開始への流れから、ポスト京都の枠組み交渉へ。日本の温暖化／気候変動報道は京都議定書を一次的《プライマリー》な文脈としながら動いている。

京都会議の最終日も近い一九九七年一二月九日に、次のような記事が朝日新聞に掲載された。

京のエコロジー熱、上昇中（京都から　温暖化防止）

温暖化防止京都会議で各国政府代表や非政府組織（NGO）のメンバーら約一万人の参加者が集まった古都の「エコ度」が、日を追うごとに高まっている。小学生たちはテレビゲームの時間を減らすことなどを提案。家庭から排出される二酸化炭素（CO_2）を算出する環境家計簿は、京都府や京都市が急きょ計七万冊を増刷しなければならなくなるほどの人気ぶりだ。タクシーやバス業界はエンジンの空ぶかしを自粛する「アイドリングストップ運動」を展開。百貨店や自治体も「環境」に気を配り始めた。会議も最終盤。議論の行方にも熱いまなざしが注がれている。

（朝日新聞一九九七年一二月九日夕刊一一頁より一部抜粋）

エコロジー熱が上昇していたのは京都だけではない。新聞に掲載されることで、京都会議は小学生から大人まで、日本中が注目し、誰もが知っているメディア・イベントになっていた。極地の氷が融けるという自然科学的な現象をはみだし、気候変動は一九九七年という年、古都京都という都市を中心に、政治社会的な出来事として刻み込まれたのである。

5 押し出される市民社会

気候変動が国際的な政治合意をめぐるメディア・イベントであることは〈記事の内容〉からも確認できる。

図3‐2は記事の内容を「科学・技術」「政策形成」「経済的利益」「生態系／気象」「文化」「市民社会」の六種類に分類してコーディングしたものである。「文化」は特定の人々が自ら実践している活動や本、イベントの紹介を、「市民社会」は抗議運動やデモンストレーション、あるいは広い意味での啓発活動を目的としたものにあてた。おおむね、政治や経済に属する事柄ではないが、社会的な影響力を志向したアクティブなものが「市民社会」、アクティブではないものが「文化」としてコーディ

ングされていると考えて差し支えない。

分析結果を見ると、一九九七年、二〇〇七〜〇九年のいずれの年も、半数を超える記事が「政策形成」で占められている。二〇〇七〜〇九年だけを見ると、二〇〇九年に向かって「政策形成」が一〇%を超えて増加しており、COP15というさらなるメディア・イベントの発生によって、他のカテゴリーを押しつぶすように膨張したことが分かる。

特に押しつぶされる傾向が強いのが「市民社会」である。図3-3は「経済的利益」の中でも、産業界が自らの意見を前面に出しているものを再カテゴリー化して「産業界」とし、「市民社会」と合わせて変動を示したものである。二〇〇七〜〇八年にかけて両方ともに伸びていくが、二〇〇九年には「産業界」はさらに伸び、「市民社会」の掲載率は大きく下がっている。二〇〇九年は一二月にコペンハーゲンで開かれるCOP15に向かって、中期目標の設定をめぐって国内外で大きな論争が生じた年である。産業界が高めの中期目標の設定に反対の意向を表明したことが記事掲載率を伸ばしたのは理解にたやすいが、「市民社会」の掲載率が低下したのはなぜだろうか。

その謎を解くために、図3-2に戻って、京都会議が開かれた一九九七年とコペンハーゲン会議が開かれた二〇〇九年を比べてみよう。

二〇〇七〜〇九年とは違い、一九九七年は「市民社会」の値が大きい。他のカテゴリーと合わせて一九九七年→二〇〇九年の変動を見ると、「科学・技術」五・七%→三・三%、「政策形成」五八・三%

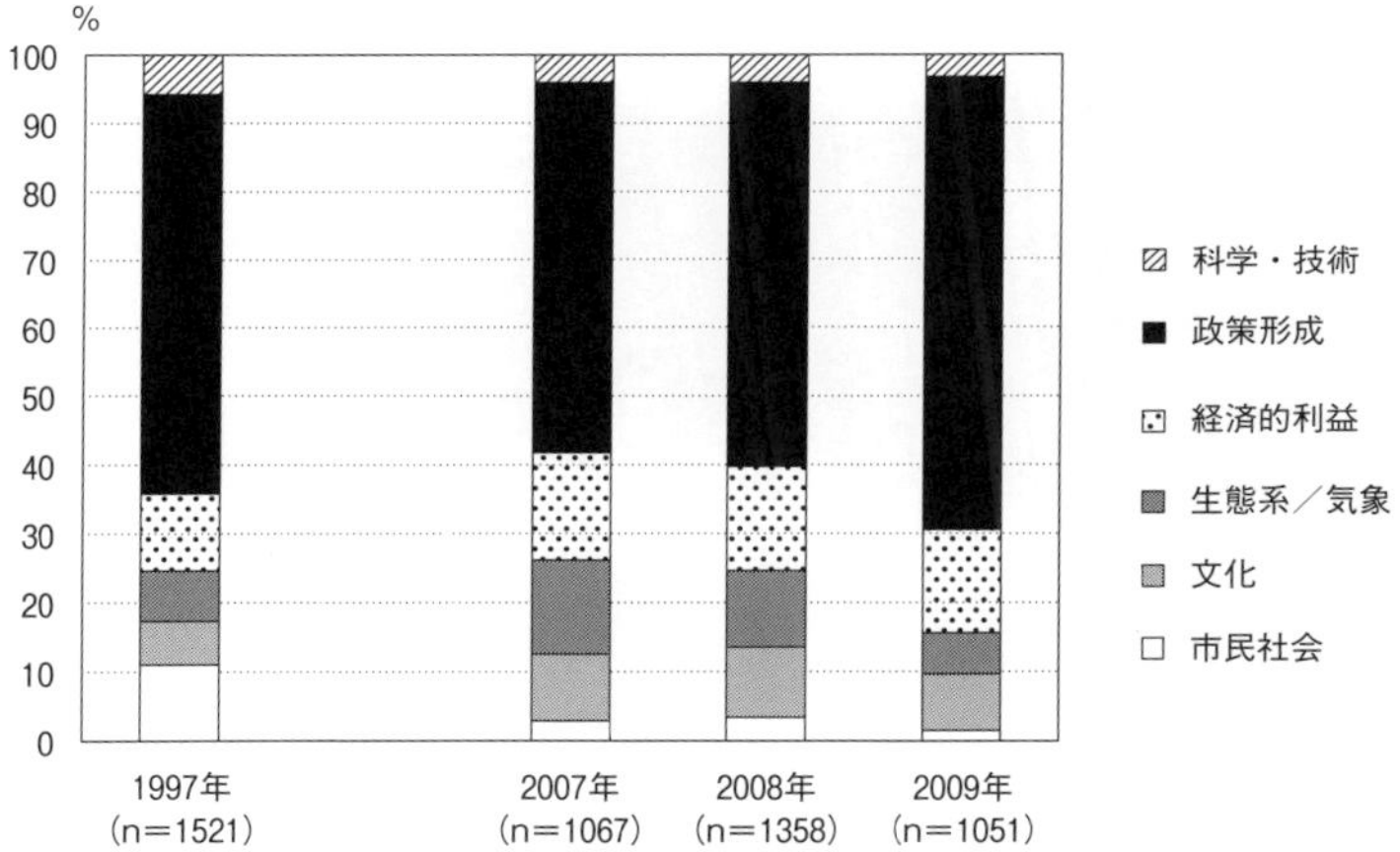

図 3－2　温暖化／気候変動記事における記事内容の推移

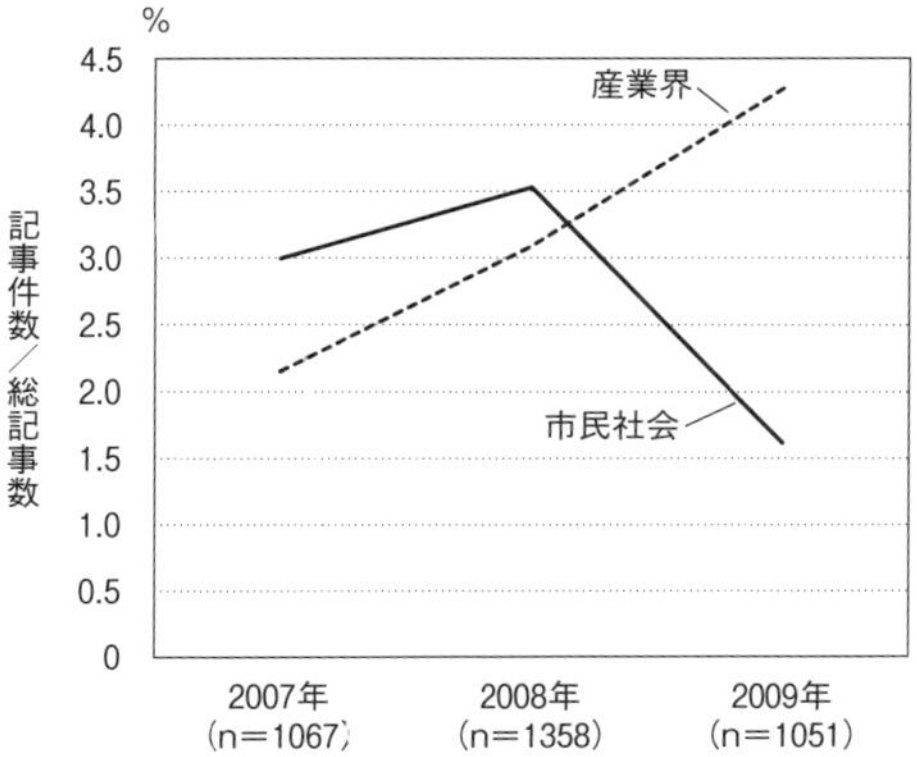

図 3－3　記事全体における「産業界」と
「市民社会」の記事掲載率の推移

↓六六・〇％、「経済的利益」一一・二％↓一五・一％、「生態系／気象」七・三％↓五・八％、「文化」六・四％↓八・二％、「市民社会」一一・一％↓一・六％となる。このうち三％以上増減したものは、「政策形成」プラス七・七％、「経済的利益」プラス三・九％、「市民社会」マイナス九・五％である。気候変動に関する新聞報道の内容は、一九九七年の京都会議から二〇〇九年のコペンハーゲン会議に向かって、市民社会を押し出すように、急速に政治経済の問題へと変化していった。

6 新聞と市民社会の貼りあわせ

その理由として、開催地が京都から遠いヨーロッパに移っていることや、二〇〇八年九月に起こったリーマン・ショックによる不況の影響といったことがすぐに思いつくが、それだけではない。次の記事は二〇〇九年のCOP15直前の読売新聞の記事である。

〔風の座標〕環境NGO　COP15目前の存在感

〔気候〕ネットワークの前身は「気候フォーラム」。COP3の京都開催が翌年に迫った九六年に発足した。当時、海外と日本のNGOには、大きな差があった。欧州の団体は、法律や経済、気象学、環境工学など多彩な分野の研究者を擁する。常勤の専門家が有給で働き、数十万、数百万の会員、支援者が活動を支える団体もある。浅岡さんは、NGOが相当な力、継続性、市民代表性を持たなければ、成果に結びつかないと考える。相当な力とは、情報収集・分析力、交渉力、説得力、提案力、発信力などだ。欧米並みの組織に成長するには、有給スタッフの増員、若い世代が安心して職業にできる環境作り、支援の広がりが課題だという。（読売新聞二〇〇九年一一月一五日朝刊一四頁より一部抜粋、〔　〕内は筆者による補足）

この記事からは一九九七年から二〇〇九年の間に市民社会を取り巻く状況が大きく変化したことが読み取れる。一言でいえば、市民社会はグローバル化することによって、専門化することを余儀なくされたのである。京都会議が開かれた一九九七年には政府、地方自治体、NGO、タクシー業界から小学生にいたるまで、京都会議を成功させようというお祭りにも似た熱気に包まれていた。それに対して、二〇〇九年のNGOにあるのは、外国語を操り、交渉を評価分析するクールな分析官の視線である。

一九九七年の経験を通して成長を促されたNGOは、政策形成過程に市民の力を継続的に注ぎ込むために、専門的な力を手に入れる必要に迫られた。けれども、大部分の普通の市民にとっては、NGOが目指した分析し交渉する組織も、評価し解説する制度も、すでに身近なところにそろっていた。政府と新聞である。その上、政府が行う交渉過程は新聞がわかりやすく解説して伝えてくれるのだから、事実上、新聞を読んでいればそれで十分という状況が生まれていた。たとえて言うなら、二〇〇九年の市民社会は、新聞がマスメディアとして存在することとまるで同義であるかのように、新聞そのものにべたっと貼りあわされていた。新聞があることは市民社会があることと機能的に等価（N・ルーマン）だったのである。

二〇一〇年から二〇一四年にかけて調査された第六回世界価値観調査によれば、日本の回答者の七〇・六%が報道機関に信頼をおいていると答えている（World Value Survey 2015）。同じ調査による他国の結果と比べると、はるかに大きな数字だ。たとえば、報道機関に信頼をおいていると答えた人の割合は、ドイツでは四四・四%、スウェーデンでは三六・六%、アメリカでは二二・七%にすぎない。

報道機関にあまり信頼がおけないのであれば、適切に判断する材料としてNGOなどの市民社会組織から、報道機関とは別の経路の《オルタナティブな》情報と解説を手に入れなくてはならない。けれども、報道機関にそれなりの信頼を寄せているのであれば、代替的な情報を求める声もその分だけ小さくなる。市民社会が紙面から押し出された背景には、そうした報道機関に対する日本的な、ある意味で健全な市民感覚がある。

7 国際政治と国内経済の交差点《クロスロード》

メディアとしての新聞に掲載される記事の多くは報道《ニュース》である。テレビの報道番組で毎日見ている

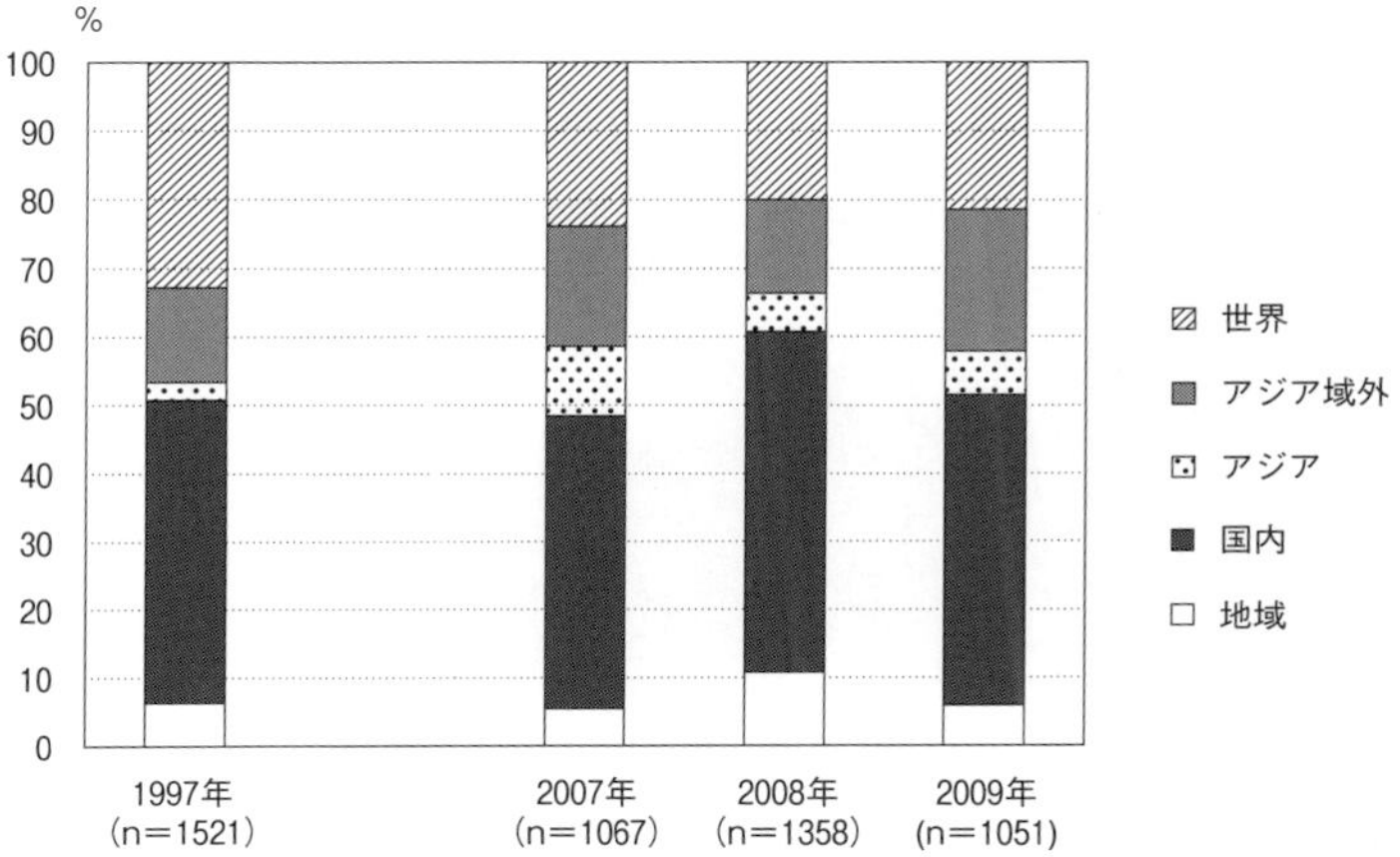

図 3－4　温暖化／気候変動記事における社会的空間的なスケールの推移

ように、報道の中心は政治や経済の動きをその日の出来事《マッサージ》として伝えることだ。気候変動も例外ではない。むしろ、気候変動という問題が身の丈に比べて大きく抽象的な問題だからこそ、身近で具体的な出来事の連鎖に折り返して、意味づけ直されると考えた方が適切だろう。政策形成や経済的利益に記事が集中するのは、そうした具体化して身体的なレベルに落ち着かせる作用の効果でもある。

　記事が定位する社会的空間的なスケールについても同様である。図3・4は身体的な中心性をもとに、同心円的に「地域」「国内」「アジア」「アジア域外」「世界」の五種類に分類してコーディングしたものである。COPのような世界大の会議の場合には「世界」に、アジア地域の話題の場合には、そこに日本を含む場合も、含まない場合も「アジア」にコーディングした。非アジア地域の場合も同様である。たとえば、日米関係の場合には、日本を含むけれども、国内の範囲を超えているので、「アジア域外」というコード値になる。

ここでも京都会議の一九九七年とコペンハーゲン会議の二〇〇九年を比較してみよう。

私たちが出来事を身体的なスケール《ものさし》で捉える場合に、特に強く働くのが国の内外である。図3‐4でいうと、「国内」と「アジア」の線が国内と国際の境にあたる。

一九九七年と二〇〇九年の国内／国際比率は、一九九七年が五一：四九、二〇〇九年も五一：四九で、ちょうど同じ比率で国内／国際が半々に分けられている。空間的な感覚比率は一〇年の間に驚くほど変化していない。これは、私たちが同じような記事の語られ方が続く空間を生きているということを指し示している。

それに対して、変化はその規定となる感覚比率の中で起こっている。国際的なスケールで語られる記事の中でも、「世界」の比率は一九九七年→二〇〇九年で、三二・八％→二一・四％へと大きく低下している。この低下は何を意味するのだろうか。

次の図3‐5は「政策形成」と「経済的利益」だけを取り出して、記事が語られるスケールを示したものである。この図から二つのことが見えてくる。

まず、一見して分かるのは、政策と経済の記事が定位している社会的空間的なスケールが大きく違っているということだ。「政策形成」「経済的利益」だけで見た場合にも、国内／国際比に大きな変化は

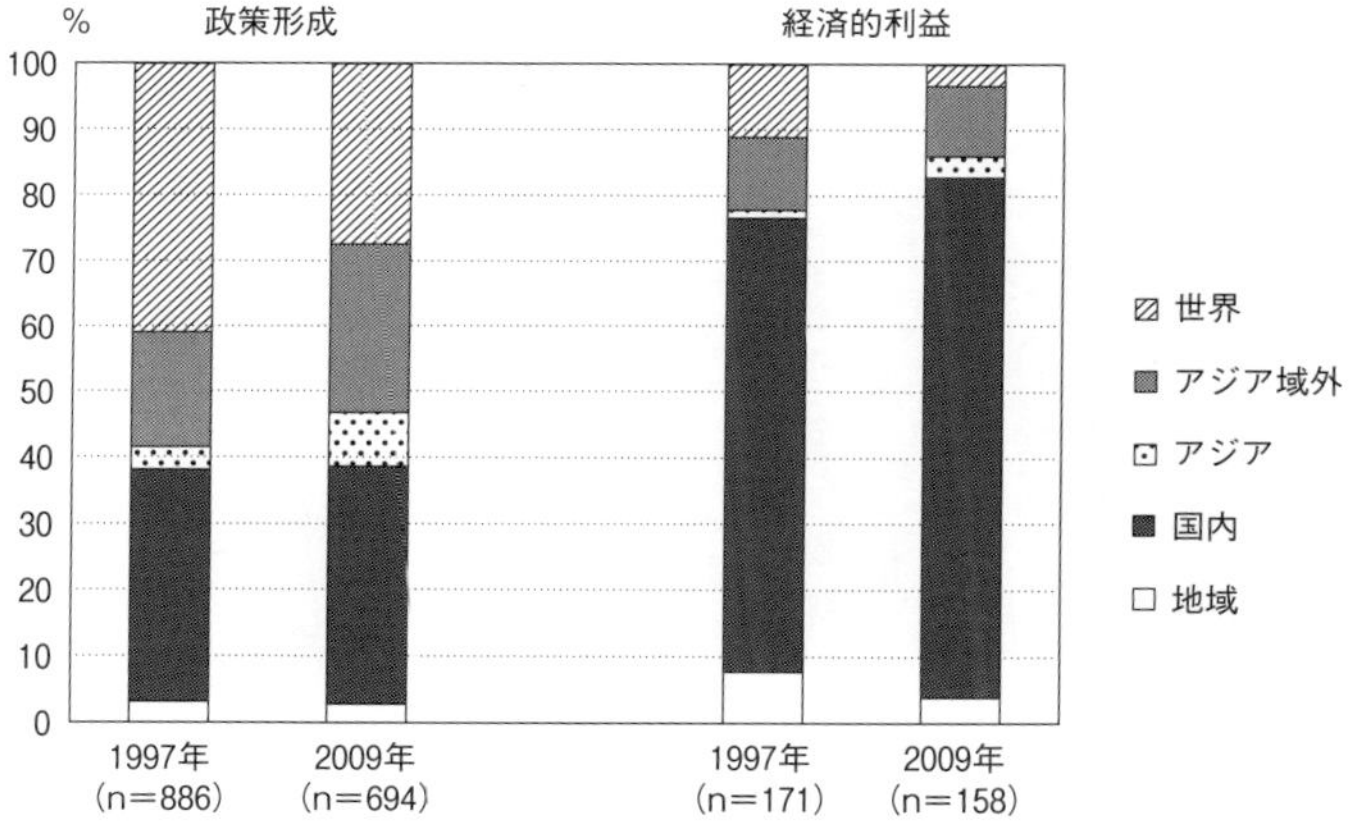

図 3－5　「政策形成」と「経済的利益」における
社会的空間的なスケールの比較

なく、「政策形成」はおよそ四：六、「経済的利益」は八：二でほぼ一定している。別の言葉で言い換えると、政策形成に関しては国際的なスケールが多く、経済的利益に関しては国内の文脈が強く働いている。つまり、そこには国際政治／国内経済の形で語る意味の格子があるということだ。したがって、「世界」のスケールが比率的に小さくなるとすれば、政策形成に関する記事に変化が出たのではないかと予想できる。

そこで「政策形成」だけを見てみると、国内／国際比は大きく変化していないが、国際的なスケールの中でも「世界」が縮小し、「アジア」「アジア域外」が拡大していることが分かる。具体的な数字でいえば、「世界」は四一・〇％→二七・五％（マイナス一三・五％）、「アジア域外」は一七・六％→二五・九％（プラス八・三％）、「アジア」は三・四％→

八・一％（プラス四・七％）である。これは、国際交渉の焦点がポスト京都の枠組みをめぐるものに移っていくことによって、政府代表が集まり集団交渉する華やかなメディア・イベントから、各国ごとに個別に交渉し、根回しをする地道な政治へと変わっていったことを示唆している。国際交渉という「一九九七年京都」が敷いたレールの上で、ポスト京都に向かって意味の動き方が少しずつ変化する。新聞と市民社会の貼り合わせや、メディア・イベントから根回し政治へといった変化は、そうした意味の動きの歴史的な一断面である。

8　新聞という現場《サイト》

そこに具体的な市場や生活が乗っていく。

京都経済特集　環境先進地、増す存在感、太陽電池、エコカー

二〇二〇年までに温暖化ガスを一九九〇年比二五％削減する――。鳩山由紀夫首相が国連で表明したことを受け、にわかに脚光を集める環境関連産業。京都議定書発祥の地、京都の企業が果たす役割は一段と増している。

「説明に耳を傾ける来店客の雰囲気は昨年とがらりと変わった」。京セラの太陽光発電システムを販売

する「京セラソーラーFCびわこ南」（滋賀県栗東市）を運営する湖睦電機（同）の中村啓道副社長は手応えを感じている。販売コーナーに足を運ぶ顧客は昨年の週三～四組から週二〇組程度に増えたという。

住宅用太陽光発電システムへの設置費補助が今年一月に復活。一一月には太陽光発電で起こした電力の余剰分を従来の二倍の価格で買い取る制度が始まったが販売現場の活況はそれだけが理由ではない。

（日経新聞二〇〇九年一一月二四日朝刊一頁より一部抜粋）

削減目標の数字、電器店での来店客への説明、補助金制度の情報。ここにあるのは、私たちの誰もが知る日常的な生活風景である。

政策形成に関する決定は新聞を通して伝えられ、地域の経済活動に少しずつ変化を及ぼしていく。そして、その変化の様もまた新聞で報じられて、夕食の団欒とお財布に微分されて吸い込まれていく。さながら情報／出来事の連続的かつ交差的な発生を見ているようだが、新聞が媒体《メディア》たりえているのも、こうした出来事と情報の媒介《メディエイト》効果のゆえである。そこにはもはや日常感覚から遊離した自然科学的なだけの知識はない。新聞報道という意味の格子を媒介にして、抽象的な問題と具体的な出来事が身体感覚を経由しながら相互に織り込まれていく。気候変動はそうした意味で近代社会的な現象なのである。

その奥には、見出しを追いかけて拾い読みをしながら、「分かった」「知っている」の感覚を作り出していく、あの新聞を読むときの身体化された習慣の層がある。すべてを知る必要はない。飛ばし読みでいい。だが、知っているという感覚は持ち続ける。だからこそ、自分に関わる／関わらないをはっきりさせずに、浅く行ったり来たりできる。気候変動はそうした曖昧さの中に生きる、私たち現代日本の身体感覚にうまく乗っている。

私たちは気候変動のために生きているのではない。むしろ、気候変動を生きているのだ。

追記

本章は、池田・平尾（二〇一一）を加筆修正したものである。

【コラム……3】

環境の課題と機能分化社会

池田和弘

N・ルーマンの環境論といえば、『エコロジーのコミュニケーション』がまとまっていて、比較的短く読みやすい。ただし、環境の価値を称揚し、問題の解決法を提示する著作だと思って読み始めると、議論の展開に少し戸惑うかもしれない。たとえば、「新しい価値観や新しい道徳によっても、あるいは環境倫理を学術的に展開することによっても、問題の解決は得られない」（四頁）と、初めからかなり手厳しい。

むしろ、この著作が興味深いのは、近代社会の機能分化を背景に、環境の課題で社会が何をしているのかを考察しているところである。「機能の代替不能性……は、むしろますます増大する相互依存によって補償されるのである。機能システムはまさに相互にとって代わることができないがゆえに、お互いを促進しあうこともあれば負担をかけあうこともあるのである。まさに代替不能性こそが、一方のシステムから他方のシステムへと絶えず問題をずらすことを必然化するのである」（二〇三頁）。

環境に特化した機能領域はまだ出現していない。そのため、政治から経済、経済から法へなど、別の機能領域へと課題がずらされ、別の問題／解決が立てられていく。それは必ずしも環境問題を解決しているとは限らず、その機能領域が立てうる問題／解決の形式に変換されるのだ。気候変動がメディア的な振る舞いをする背景にはそうした事情がある。

参考文献

ルーマン、N　二〇〇七『エコロジーのコミュニケーション』庄司信訳、新泉社。

第4章 規制的政策はどう制度化されたのか
環境税をめぐる言説ネットワークの変容

辰巳智行・中澤高師

1 規制的政策の制度化をめぐって

本章では、温室効果ガス削減のための規制的な政策が制度化されていくプロセスを、日本における「地球温暖化対策のための税」（以下、地球温暖化対策税）の導入を事例に考察していく。

日本の気候変動政策においては、再生可能エネルギーへの補助金や減税といった誘導的な政策や、原子力発電、そして産業界の自主行動計画が中心を占めてきた。第二章において、佐藤は、このような日本の気候変動政策の特徴がなぜ生まれたのかを、政策ネットワークの構造と、ネットワークを構成する各ブロックの政策選好分析から明らかにしている。日本の気候変動政策は、環境省と経済産業省（以下、経産省）、日本経済団体連合会（以下、経団連）の三ブロック間で働くバランスの中で生み出されており、環境省ブロックの選好する制度的規制よりも、経団連ブロックの政策選好である「自主行動計画」が採用されてきた経緯がある。

しかしながら、日本においても、代表的な規制的政策の一つである環境税が二〇一二年に地球温暖化対策税という形で導入された。環境税は、温室効果ガス、特に二酸化炭素の排出に課税することで、その排出を削減することを目的とした規制的な政策手法である。一般に、環境税には「価格効果」と「財源効果」という二つの側面がある。前者は、経済的手法としての環境税であり、化石燃料利用にともなう外部費用を課税により価格に上乗せすることで、温暖化ガスの排出を抑制しようとするものである。これに対して、後者は環境税による税収を気候変動対策の財源として使用することで、温室効果ガスの排出削減を目指すものである。気候変動問題への国際的な関心が高まる中で、環境税は温室効果ガス排出削減のための有力な手法の一つとして注目を集め、一九九〇年代には北欧諸国を中心として導入が進められた。

日本においても、一九九〇年代の初頭から環境庁（当時）の審議会や研究会において環境税の導入が検討されてきた。二一世紀に入ると、中央環境審議会において環境税に関する検討が始まり、環境省は二〇〇四年以降、毎年の税制改正に際して環境税の具体案を提示していった。だが、環境省の度重なる要望にもかかわらず、経産省や産業界の根強い反対を受け、そのたびに導入は見送られた。ここまでであれば、日本における規制的対策導入の困難を示す典型的な事例として捉えられる。しかし、環境税は地球温暖化対策税として二〇一二年三月に成立、同年一〇月より施行されることになった。規制的政策の制度化が困難な政策ネットワーク構造が存在し、その導入が長年見送られてきたにもかかわらず、なぜ二〇一二年になって地球温暖化対策税として制度化されるにいたったのだろうか。

2 分析の枠組みとデータ

政策形成と言説ネットワーク分析

この問いに答えるために、本章では言説ネットワーク分析（Discourse Network Analysis）を用いる。政策形成研究において、言説（discourses）の分析は注目を集めてきた。言説とは、ある対象についての一定の共通の想定に基づいた語り方や考え方のことである（Giddens & Sutton 2014: 4）。言説は問題の認識や定義のあり方に深く介在し、政策形成や制度設計のあり方に大きく影響する。ある問題に対する政策的解決策が導出されるためには、それに先立って解決するべき問題が認識され、定義されていなければならない。ある現象が政策的に対応されるべき問題として認識されるかどうかは、それが議論される言説のあり方に依存している。たとえば、「枯れた木」はそのままでは単なる物理的現象に過ぎないが、「酸性雨による犠牲」という言説に組み込まれることによって、はじめて「枯れた木」は政策問題として構築される（Hajer 1993）。すなわち、さまざまな理念や概念、範疇、あるいは物語によって意味を与えられて、はじめてその現象は社会的・政治的問題として認識されるのである。そして、その問題に対してどのような方針や対策がとられるのかは、それがどのような問題として構築されるか、すなわち問題の定義のあり方に大きく影響される。なぜならば、問題の定義は、その現象の原因、非難、責任を何（あるいは誰）に帰するのかと密接につながっているからである（Stone 1989）。問題は言説の中で定義を与えられ、それによってとりうる解決策の範囲が規定されるのである。

このように考えると、政策形成を問題の定義あるいは認識枠組みをめぐる競合過程として捉えることができる。政策形成過程において、アクターは特定の問題理解のあり方を他者に押し付けようと競い合う。この言説的覇権をめぐる闘争においては、言説連合（discourse coalition）の形成が重要な意味を持つ（Hajer 1995）。言説連合とは、特定の問題理解のあり方を共有した諸アクターの連合である。そして、ある言説が他の競合する言説よりも政策形成において影響力を持つかどうかは、中心となる問題構築のあり方や言説連合の構造に依存する。たとえば、中心的な問題認識枠組みや構成アクターの経時的な安定性、連合を構成するアクター間の理念的な一体性、競合的な連合に対する団結性、あるいは首尾一貫性や広範性といった言説の性質によって、その連合や核となる言説が支持を拡大し、政策形成に影響を与えることができるかが左右されることになる。

本章では、言説ネットワーク分析によって、地球温暖化対策税の導入過程における言説連合の形成や変動を考察する。言説ネットワーク分析は、新聞テキスト分析と社会ネットワーク分析を組み合わ環境省が二十五日発表した環境税案に、経済界が一斉に反対を表明した。化石燃料に含まれる炭素に一トン当たり二千四百円課税する内容で、一世帯あたりの負担は月額約百八十円になる。日本経団連の奥田碩会長は「昨年に続き環境税案を提示したことは遺憾だ」と語った上で「効果がないばかりか、我が国の産業の国際競争力を低下させる」とけん制した。

経済同友会の北城恪太郎代表幹事も反対する意向を表明。「地球温暖化対策に必要という理由だけで、単純な増税になっている」「税収の使途と費用対効果の根拠が依然として不明確」と反対理由を語った。日本商工会議所の山口信夫会頭は「環境税は政府の基本的考え方である『環境と経済の両立』に反する」と指摘。具体案に関しても「昨年の焼き直しにすぎない」と批判した。

日本経済新聞 2005 年 10 月 26 日「環境税案、経済界は反対」

アクター	ステイトメント
日本経済団体連合会	・環境税は気候変動対策として実効性が薄い ・環境税は日本の産業の国際競争力を弱めてしまう
経済同友会	・環境税は気候変動対策として実効性が薄い
日本商工会議所	・環境税は企業の経済活動を抑制する

図 4-1　コーディング作業の例

せた手法である（Leifeld & Haunss 2012）。このアプローチの特徴は、アクター（人物、組織）とステイトメント（認識、主張、提言、行為）の両者を分析に組み込む点にある。新聞には、政策をめぐる諸アクターの意見や主張、行為がテキストとして記録されている。言説ネットワーク分析では、「誰」がある問題や政策についてどのような「主張」をしたのかをテキストから抽出してコーディングしていくことにより、ある政治問題や政策手法をめぐる言説の対立や親和を、体系的な手続きによって実証的かつ通時的に分析することが可能になる。作業の具体例を示したものが、図４‐１である。記事では環境省の環境税案に対して経済団体が懸念を表明している。作業では記事に登場する個人・組織をアクターとして、その主張をステイトメントとしてコーディングする。例では、三つのアクターによる四つのステイトメントを得ることができる。ステイトメントとなるトピックは事前に定義せず、コーディング作業を終えた後にアフターコーディングによって設定した。

政策研究における言説分析の目的は、テキストの分析を通じて、政策形成過程においてどのような問題認識や定義が競合しており、なぜ特定の問題理解のあり方が支配的になり、その結果として具体的な政策のあり方にどのような影響を及ぼすのかを明らかにすることにある。しかし、関係者へのインタビュー調査や議事録などの文献資料の分析からは、言説連合の複雑な構造を実証的に捉えることができず、調査者の想定に基づいて明確に区分された二極的な連合が描かれる傾向がある。また、アクターがある陣営から他の陣営に加わったり、あるいは連合が分裂したり、新しい言説を中心に新たな連合が形成されたりといった、通時的な変化を捉えることが難しい。

これに対し、言説ネットワーク分析は、部分的に重なる複数の連合や下位的な連合の存在といった実際の言説配置の複雑な構造を、体系的な手続きによって実証的に示すことができる。新聞記事上に現れるアクターやステイトメントには一定のバイアスがあることは確かだが、審議会などの会議録やインタビュー調査に比べて、広範で多様なアクターの言説を捉えることが可能である。また、新聞記事をデータソースとすることで、異なる期間における言説連合の構造を、同程度の実証度でもって把握し、通時的な変化を分析・評価することができるのである。

データセットと時期区分

地球温暖化対策税の導入過程を言説ネットワークによって分析するにあたって、新聞社によるアクターや言説の偏りを避けるため、日本の主要全国紙から朝日新聞、読売新聞、日本経済新聞の三紙を分析対象とした。三紙の電子データを用い、「温暖化」もしくは「気候変動」という語を含む記事のうち、「環境税」「炭素税」「石油税」「石炭税」「ガソリン税」「暫定税率」「温暖化対策税」のいずれかの語を含む記事を抽出した。この手続きによって抽出された記事を月単位で集計した結果が図4-2である。グラフでは、月ごとの「環境税」関連記事件数を棒グラフで、それが「温暖化・気候変動」関連記事数に占める割合を折れ線グラフで示した。

グラフからは、「温暖化・気候変動」関連記事全体では、日本で国際会議が開催された一九九七年（COP3京都会議）と二〇〇八年（G8洞爺湖サミット）前後にピークを持つことが分かる。しかし、環境税をめぐる報道記事は、二〇〇三年から二〇〇五年と二〇〇九年後半から二〇一二年の期間に集中しており、「温暖化・気候変動」関連記事数の推移とは必ずしも一致しない。本章では、この二つの時期に一九九〇年代後半を加えた三期間に注目する。すなわち、一九九六年から一九九八年（第一期）、二〇〇三年から二〇〇五年（第二期）、二〇〇九年後半から二〇一二年（第三期）を分析の対象とする。この三期間の区分は、環境税導入をめぐる議論に動きがあった時期に対応している。第一期は、京都会議を迎え温室効果ガス削減に焦点が集まる中で環境税導入についての研究・議論が本格

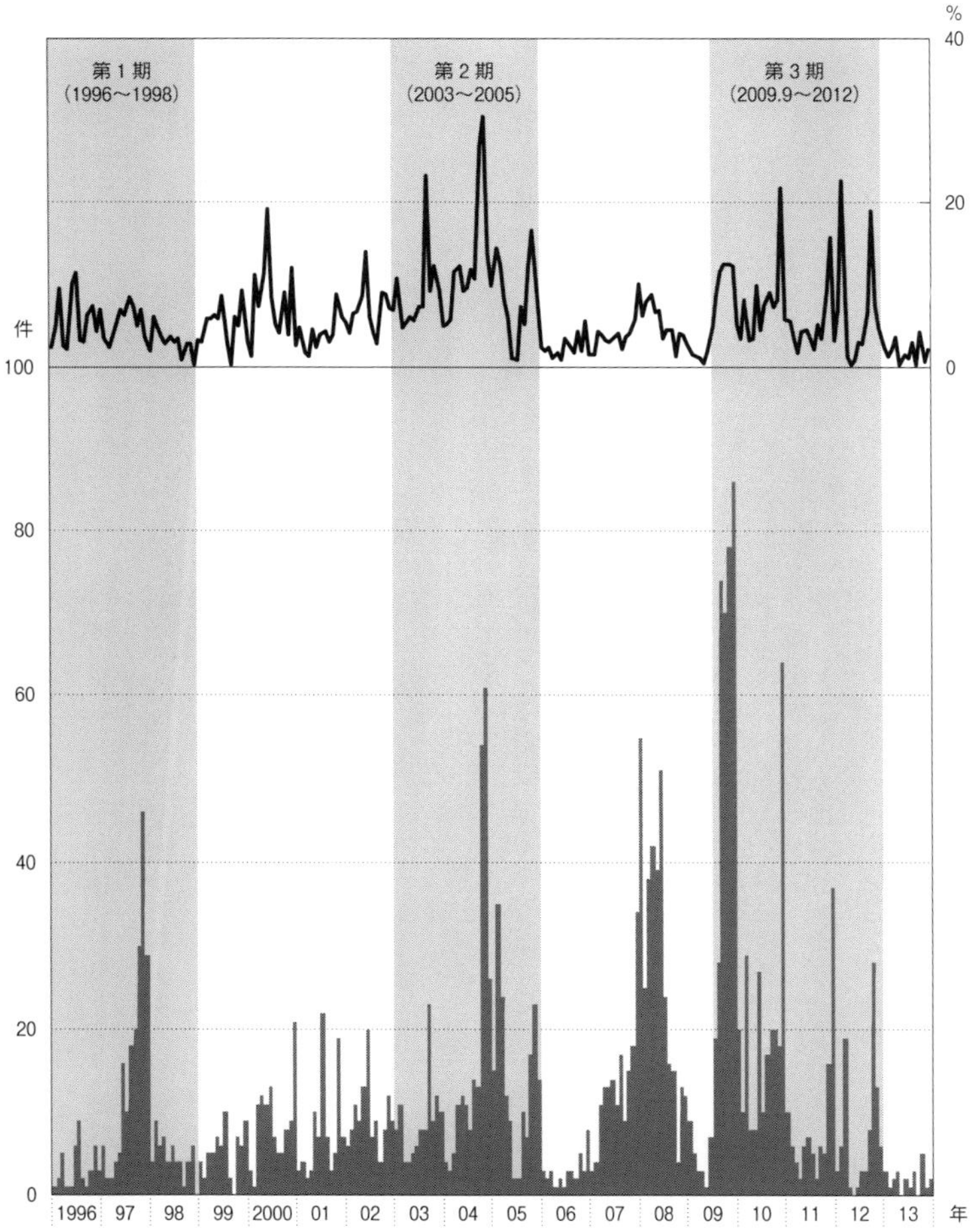

図 4－2　月別に見た「環境税」関連記事数および、それが「温暖化・気候変動」関連記事数に占める割合

注：1996 ～ 2013 年の三紙合計。

表 4-1　コーディングで得られたステイトメント件数（三紙合計）

	番号	ステイトメント	第1期	第2期	第3期前半	第3期後半	通期
「排出規制」的言説	10	気候変動は喫緊の課題であり、環境税を優先的に進めるべき	16	4	−	−	**20**
	11	経済成長や生活水準を犠牲にしても、環境税を導入すべき	1	−	−	1	**2**
	12	地球環境のために、エネルギー価格は高水準にすべき	3	1	−	−	**4**
	13	環境税によって、すべての排出者が排出コストを負担すべき	−	1	−	−	**1**
	20	環境税による規制は経済成長を促す（経済両立の一般論）	3	7	1	−	**11**
	21	環境税によって新しいビジネスが創出される	3	5	4	2	**14**
	22	環境税は経済構造を効率化し、既存産業の競争力を強化できる	4	6	−	8	**18**
	23	環境税による経済活動への影響は限定的である	12	10	−	−	**22**
	24	特定分野は特例・免税を行うことで負担軽減を図るべき	−	−	7	3	**10**
	30	環境税は排出量削減のためには必要なものである	80	113	45	17	**255**
	31	環境税がなければ削減目標を達成できない（国際目標遵守）	−	26	−	4	**30**
	32	環境税の税率が低くてもアナウンス効果が期待できる	−	2	−	1	**3**
	33	環境税で排出削減のインセンティブが期待できる（ピグー税）	11	27	1	2	**41**
	34	環境税で技術開発のインセンティブが期待できる（技術開発指向）	4	5	2	8	**19**
	35	環境税の税収によって排出削減対策を推進すべき（財源効果）	26	38	11	27	**102**
「財源確保」的言説	50	環境税は財源確保の手段となる（財源確保一般論）	−	−	1	5	**6**
	51	環境税を一般財源の税収減の埋め合わせに新設すべき	−	−	18	5	**23**
	52	環境税を森林整備や農山村への公共投資の財源とすべき	−	13	2	5	**20**
	53	環境税による税収は一般財源とすべき	−	−	−	3	**3**
	54	環境税の新設はせず、既存税を環境対策に回すべき	−	19	−	1	**20**
	55	ガソリン税暫定税率相当分を環境税として衣替えすべき	−	3	38	14	**55**
	56	道路特定財源を気候変動対策に利用すべき	−	2	−	−	**2**
	57	ガソリン税暫定税率の廃止は環境負荷を拡大する	−	−	34	−	**34**
	58	ガソリン税暫定税率は廃止して、環境税は別途導入すべき	−	−	53	−	**53**
	59	ガソリン税暫定税率は維持して、環境税は別途導入すべき	−	−	16	−	**16**
「規制反対・自主行動」的言説	60	環境税は日本経済の成長を抑制する（経済抑制の一般論）	8	9	9	24	**50**
	61	環境税は企業の経済活動を抑制する	2	95	14	19	**130**
	62	環境税は日本の産業の国際競争力を弱めてしまう	16	25	33	4	**78**
	63	日本だけが環境税を導入するなら、産業の空洞化を招くだけ	7	19	−	3	**29**
	70	環境税は気候変動対策として実効性が薄い	10	34	−	16	**60**
	71	日本だけが環境税を導入しても地球全体の排出量は削減できない	6	69	1	−	**76**
	72	環境税の税率が低ければ需要・消費を抑制できないため無意味だ	13	19	2	2	**36**
	73	環境税による負担増は企業の技術開発資金を奪う	−	3	2	4	**9**
	74	産業部門でなく、民生部門や運輸部門の対策を優先すべき	1	6	−	−	**7**
	75	産業界はすでに十分な削減に取り組んでいる	5	7	3	14	**29**
	76	環境税でなく、業界や企業の自主的取組を重視すべき	10	11	−	−	**21**
	77	既存のエネルギー課税によって十分なコストを支払っている	−	72	−	8	**80**
	78	環境税は国民の負担を増やし、国民生活に悪影響を与える	6	1	34	15	**56**
	79	目的税として環境税を導入することは財政の硬直化を招く	6	7	−	−	**13**
	80	環境税を導入する前にやるべき施策がある	3	20	6	4	**33**
	81	環境税ではなく、省エネや技術開発で対応するべき	−	27	−	−	**27**
		計	256	706	337	219	**1518**

化した時期である。第二期は京都議定書の第一約束期間の開始を念頭に環境税の制度化が具体的に検討された時期である。そして、第三期には民主党が政権の座につき環境税が制度化された時期である。

対象期間の新聞記事をコーディングした結果は、表4-1のとおりである。三期を通じて、のべ一五一八のアクターとステイトメントのセットを得ることができた。これらのステイトメントを内容に基づいて整理して四一の分類にまとめあげ、さらに「排出規制」的言説、「財源確保」的言説、「規制反対・自主行動」的言説に大別している。

以下では、このステイトメントとアクターが描き出す言説ネットワークが時期ごとにどのように変容したのか、三期間を通時的比較することによって明らかにする。

3　環境税をめぐる言説ネットワークの変容

対立する二つの言説連合——第一期

第一期は、一九九六年から一九九八年の三年間であり、京都会議が開催された一九九七年を挟み、温室効果ガス排出を抑制すべく国別に削減義務を課す国際レジームが確立した時期である。日本においても、国内の排出量をいかに削減していくのか、適切な政策手法を模索する動きがさかんとなった。その一つとして環境税は注目されることになる。一九九一年から環境庁内部の環境税研究会で調査研究が開始され、一九九四年には「環境税のあり方について」がまとめられた。また、同年に設置された環境に係る税・課徴金等の経済的手法研究会は、一九九七年に「地球温暖化を念頭に置いた環境税のオプションについて」を報告し、課税目的や課税率に応じた四つのオプション案を提示している。

この時期、環境税をめぐり、「誰」が何を「主張」していたのだろうか。第一期の新聞報道からアクターとステイトメントを抽出して可視化したものが、図4-3の言説ネットワークである。図中の丸（○）がアクター、四角（□）がステイトメントを表している。アクターとステイトメントの大きさは、記事に掲載された回数に比例しており、頻度が多いものほど大きく表示している。アクターとステイトメントを結ぶ線は、そのアクターが「主張」したステイトメントであることを示しており、環境税をめぐる言説の傾向が類似しているアクターは相対的に近い位置に置かれている。

環境税の導入をめぐるステイトメントの共有パターンから、二つの競合的な言説連合が構成されていることが分かる。一つは図の左側に位置する、環境税導入に肯定的な言説（白のステイトメント）を共有する連合であり、もう一つは、右側に位置する環境税導入に否定的な言説（黒塗りのステイトメント）を共有するアクターの連合である。これらの言説連合は、必ずしも目に見える形でグループ（たとえば業界団体、企業連合、NGO連合、学会、研究会など）として組織化されているわけではないが、それぞれ気候変動や環境税に対して共通の問題認識を持ち、新聞紙上というパブリックな場で類似する主張を展開している。

前者が共有する基本的な言説は、「温室効果ガスの排出量削減のためには環境税を導入すべき」という問題認識である。同時に、割り当てられた排出量削減の数値目標を遵守すべきだという国際協調主義も、この言説連合の特徴的な共通認識である。これに「規制が経済成長を促す面もある」「環境税と企業活動は両立しうる」という補助的な主張が付随する。こうした言説を共有するアクターを、「排出規制派」連合と呼ぶことにしよう。「排出規制派」連合を構成するアクターは、大学・研究機関の研究者、環境NGO、そして新聞社であり、政府セクターでは環境庁が中心となっている。

後者の導入に否定的な連合は、「環境税は企業活動を阻害し、日本経済や国民生活に負担をもたらす」「環境税は地球規模の排出削減には効果がない」という認識を共有している。また、環境税の導入は、「企業の自主的な取り組みを阻害するもの」であり、日本だけで規制が強化されれば、京都議定書において排出削減義務を負わなかった規制の緩い「新興国への企業移転が加速する」ことになる。そうなれば、温室効果ガスの排出が日本から海外に移転するだけで、「地球規模ではかえって温室効果ガスの排出量が増加する」事態を起こしかねない。したがって、環境税は気候変動対策としては不適切であり、温室効果ガスの削減は「産業界の自主的な対策に委ねるべき」であると主張する。この連合を、「自主行動派」連合と呼ぶことにする。この言説連合の担い手は、日本の基幹産業と目されるエネルギー産業や重工業を担う企業や業界団体であり、経団連が統括的なアクターとなっている。また、政府セクターでは通商産業省（当時）が中心となっている。

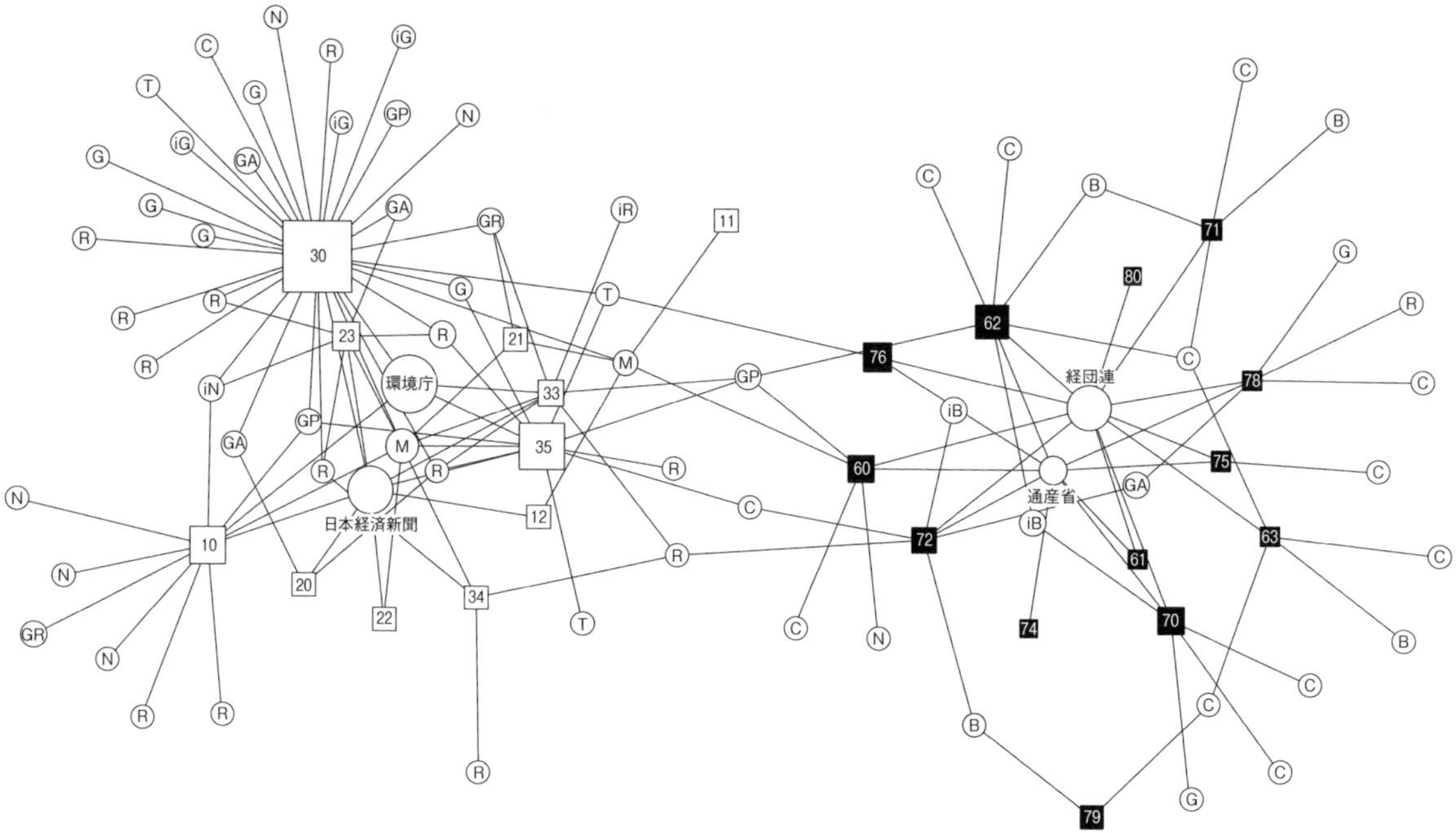

図 4－3　言説ネットワーク（第 1 期：1996 ～ 98 年）

注：□内の数字は表 4－1 のステイトメント番号に対応。白色は「排出規制」的言説、黒色は「規制反対・自主行動」的言説である。○内のアルファベットはアクターの分類を表す。G：政府機関（省庁）、GP：政府関係者（首相・大臣など）、GA：政府機関（審議会・検討会）、GR：政府系研究機関、P：政党、B：経済・業界団体、C：企業、T：シンクタンク、N：環境 NGO、L：労働組合、R：研究機関、M：マスメディア、iG：政府機関（海外）、iB：経済・業界団体（海外）、iT：シンクタンク（海外）、iN：環境 NGO（海外）、iR：研究機関（海外）。主要なアクターは固有名を掲載。

「排出規制派」と「自主行動派」の二つの言説連合の存在は、日本における環境税をめぐる議論において基本的な対立構図としてその後も維持されていく。その一方で、両者の間では「環境と経済を両立させるべきである」というエコロジー的近代化（コラム四）の言説が暗黙のうちに共有されている。「排出規制派」においても、「環境のためには経済成長を犠牲にしても構わない」や「経済成長と環境保護は両立しない（から、環境保護を重視すべきだ）」といったラディカルな環境主義的言説は非常に弱い。また、「自主行動派」でも、「温暖化は起こっていない」あるいは「気候変動の要因は人間活動・企業活動ではない」といった気候変動に対する懐疑的認識は、少なくとも新聞報道上では主張されていない。同様に「経済成長のためには環境を犠牲にしても構わない」という経済成長至上主義的言説も見られない。むしろ、政府による環境規制への対抗言説として、「温室効果ガスの削減は企業・業界の自主的な取り組みを重視すべき」や「環境税によって企業の技術革新に投資する資金が減少する」といったように、温室効果ガス削減に協力する意志を示す言説が一定の割合を占めている。このように、エコロジー的近代化が支配的な言説になっており、両陣営の対立はあくまでその内部での対立と解することができる。

しかし、こうした言説の共有にもかかわらず、二つの言説連合の対立は長期にわたり解消されず膠着状態に陥った。その要因として、環境規制と経済成長を結びつけるような言説の不在が指摘できる。エコロジー的近代化が支配的言説である状況下では、環境か経済のどちらか一方を犠牲にするような言説は説得力を持ちえない。その中で対立を解消するには、「規制が技術発展と経済構造の効率化を促すことで経済成長が見込める」といった言説が、経済界のアクターにまで受け入れられ、両言説連合間に架橋される必要がある。しかし、そうした言説は「排出規制派」内部の言説にとどまり、「自主行動派」のアクターに共有されてはいなかった。環境税を推進する環境省や研究者は、環境税の価格効果が引き起こす温室効果ガスの削減規模や、家計・企業活動へ及ぼす負担を試算して示すことはできたものの、「規制強化が促す新たな経済・社会システム」の青写真までは提示しえなかった。エコロジー的近代化が支配的な言説である中で、環境税と経済成長を結びつける説得的なシナリオが欠如していたことが、両言説連合が合意点を見出すことが困難な状況を生み出していたといえる。

環境税の具体化と抵抗する産業界——第二期

第二期は二〇〇三年から二〇〇五年の三年間で、京都議定書の第一約束期間（二〇〇八年から二〇一二年）を前に、議定書で定められた六％の削減目標の達成に向けて具体的な政策の実施が模索された時期である。二〇〇三年には総合政策・地球環境合同部会地球温暖化対策税制専門委員会が、炭素一トンあたり三四〇〇円を課税することによる価格効果と、その税収約九五〇〇億円を環境対策に回すことによる財源効果とを合わせることで、京都議定書の削減約束を達成できるとした報告書を提出している。この答申などをふまえ、環境省は二〇〇四年に「環境税の具体案」を発表し、「平成一七年度税制改正大綱」の決定過程で要望を行った。二〇〇五年に政府が定めた「京都議定書目標達成計画」でも、環境税導入は「総合的な検討を進めていくべき課題」と位置づけられた。しかし、環境税の骨格が具体化していくにつれ、経産省や経済団体の反対論も強まり、環境税の導入には至らなかった。

第二期の言説ネットワークを示したのが図4-4である。第一期の言説ネットワークと同様、グラフの左側には環境税導入に肯定的な「排出規制派」が、右側には否定的な「自主行動派」が認められ、全体の対立構造は継続している。くわえて、環境税導入のための具体案が提示されたことで、両陣営で自らの問題認識を広めるための言説の応酬が活発となっていった。「排出規制派」では、環境省と環境大臣が導入に意欲的で発言頻度を増加させた。産業界を中心とする「自主行動派」は、環境税の具体案が示されるのを機に反発を強めた。「自主行動派」の中心的なアクターである経団連は、その傘下の業種別全国団体を動員した決起集会を開催するなど、日本の産業界「全体」が反対していることをアピールしている。図の右側における「自主行動派」のアクターの集中は、こうした業界団体の動きが反映された結果である。このように、第二期においても二極的な対立構造による膠着状態は続いている。

一方で、第一期からの変化も見られる。環境税の効果をめぐる言説が、価格効果から財源効果へと重心をシフトさせつつあることである。第二期には、「既存の税を温室効果ガス削減策の財源に充て

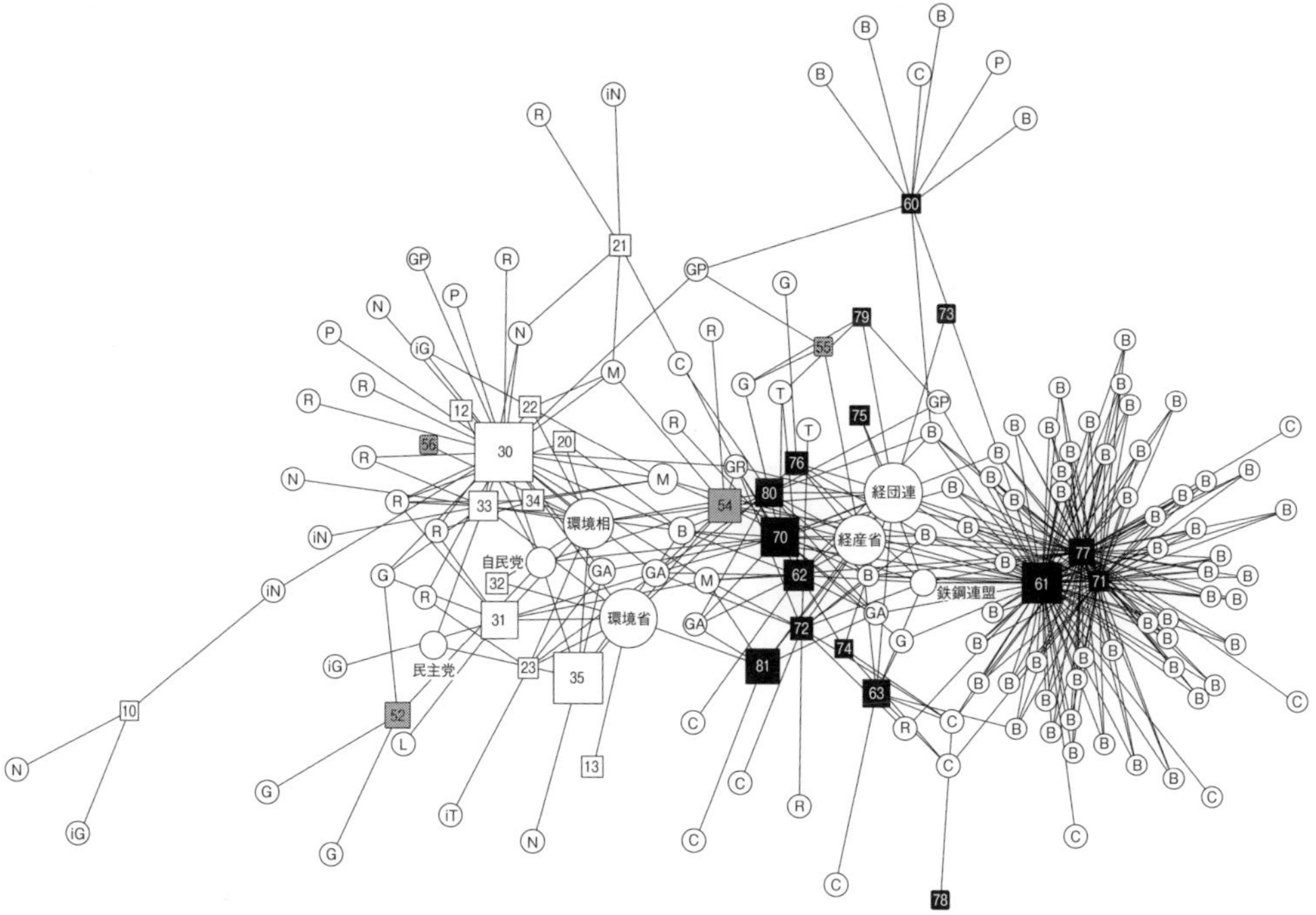

図 4-4　言説ネットワーク（第 2 期：2003～05 年）

注：□内の数字は表 4-1 のステイトメント番号に対応。白色は「排出規制」的言説、灰色は「財源確保」的言説、黒色は「規制反対・自主行動」的言説である。○内のアルファベットはアクターの分類を表す。G：政府機関（省庁）、GP：政府関係者（首相・大臣など）、GA：政府機関（審議会・検討会）、GR：政府系研究機関、P：政党、B：経済・業界団体、C：企業、T：シンクタンク、N：環境 NGO、L：労働組合、R：研究機関、M：マスメディア、iG：政府機関（海外）、iB：経済・業界団体（海外）、iT：シンクタンク（海外）、iN：環境 NGO（海外）、iR：研究機関（海外）。主要なアクターは固有名を掲載。

るべき」とする主張が出現してくる。「自主行動派」が強固なネットワークを形成する一方で、「排出規制派」のネットワークは結束が弱く、環境税を経済成長へとつなげる言説も十分に展開できていない。こうした言説ネットワーク構造の中で環境税を導入するには、環境省は価格効果を見込むには限定的な水準まで税率を下げた案を提示せざるをえなかった。その分、環境税の効果としては、価格効果よりもむしろ温室効果ガスの削減のための政策財源の確保を主張する言説に重心が移りつつある。

このように、第二期においても基本的には二極化した言説ネットワーク構造が維持され、両陣営を架橋する言説は微弱である。第一期同様、エコロジー的近代化の言説は共有されている一方で、環境規制と経済成長の両立を可能にするような説得的なシナリオは不在のままであった。また、財源効果を重視する言説が現れてきているものの、言説ネットワークが大きく変化するにはいたらず、環境税の導入は第三期を待たなければならなかった。

民主党政権と財政問題――第三期前半

第三期は、二〇〇九年九月の民主党政権の誕生から、環境税が制度化された二〇一二年までの期間である。ここでは、揮発油税及び地方揮発油税（ガソリン税）の暫定税率（以下、暫定税率）の廃止問題が環境税と合わせて議論された二〇〇九年九月から一二月までを前半、環境税の制度化に向けた最後の議論が展開した二〇一〇年から二〇一二年までを後半として、言説ネットワークの変容について検討を行っていく。

まず、第三期前半、二〇〇九年九月から一二月までの三か月間の流れを確認しておこう。二〇〇九年九月に政権の座についた鳩山由紀夫首相は首相就任直後の国連総会で「二〇二〇年までに温室効果ガスの二五％削減（一九九〇年比）を目指す」という意欲的な目標を宣言した（鳩山イニシアチブ）。この突然の「国際公約」によって、国内の気候変動政策をめぐる議論は活気と混乱がもたらされた。

民主党は二〇〇九年夏の総選挙において、環境税導入を政権公約として掲げるとともに、ガソリン価格に上乗せされていた暫定税率の廃止も約束していた。環境省は、次年度の税収を決める「平成二二年度税制大綱」に向けて、暫定税率廃止と同時に原油や石炭などの化石燃料に新たに課税して、暫定税率とほぼ同じ総額約二兆円規模の環境税新設を提起した。だが、民主党政権は財源確保の立場から暫定税率廃止を断念。環境税の創設も先送りとなった。

図４‐５は第三期前半の言説ネットワークを図示したものである。第一期と第二期と同様、「排出規制派」（左側）と「自主行動派」（右側）の存在を確認できる。だが、第一期から続いてきた両者陣営の対立構図には明確な変化が生じた。従来の二酸化炭素の排出量削減を目指す「排出規制派」とは異なる論理で環境税を肯定する言説が増加したためである。この言説は「必要な税収を確保する」という認識で環境税を捉えており、財源確保言説と呼ぶことにする。財源確保言説は第二期では少数意見に留まっていたが、第三期には「排出規制派」と「自主行動派」を架橋するように図の中央に位置

するようになった。

財源確保言説の登場は、ガソリンの暫定税率をめぐる議論と大きく関連している。二〇〇八年のリーマン・ショックによって法人税や所得税など税収が落ち込み、財源確保は政府の課題となっていた。民主党政権がこのタイミングで暫定税率を廃止すると、国だけで二兆円規模の税収を失うことになる。また、暫定税率の廃止はガソリン価格の引き下げにつながり、化石燃料の消費を促進する効果があるため、暫定税率廃止は意欲的な削減目標を提唱した鳩山由紀夫政権の「矛盾」として批判された。環境省が暫定税率廃止分と同じ二兆円規模の環境税を創設する「衣替え」案を主張したのはこのような状況下においてであった。政策財源を確保するために環境税を導入するという言説は、税収減を嫌った財務省だけでなく、不況下の財政出動を要望していた経済界からも関心が寄せられた。財源確保言説はこうして、環境税をめぐる言説空間に参入してきたのである。

暫定税率をめぐる問題は紆余曲折を経て、民主党執行部によって政治的解決がはかられた。暫定税率は特例税率として維持する結論に落ち着き、「衣替え」を目指す環境省の提案は見送られた。しかし、リーマン・ショックの影響による税収減少と暫定税率廃止をめぐる議論の中で、財源確保という観点から環境税を捉える言説が生じたことで言説ネットワークは大きく変容し、第三期後半における環境税の制度化へとつながっていく。

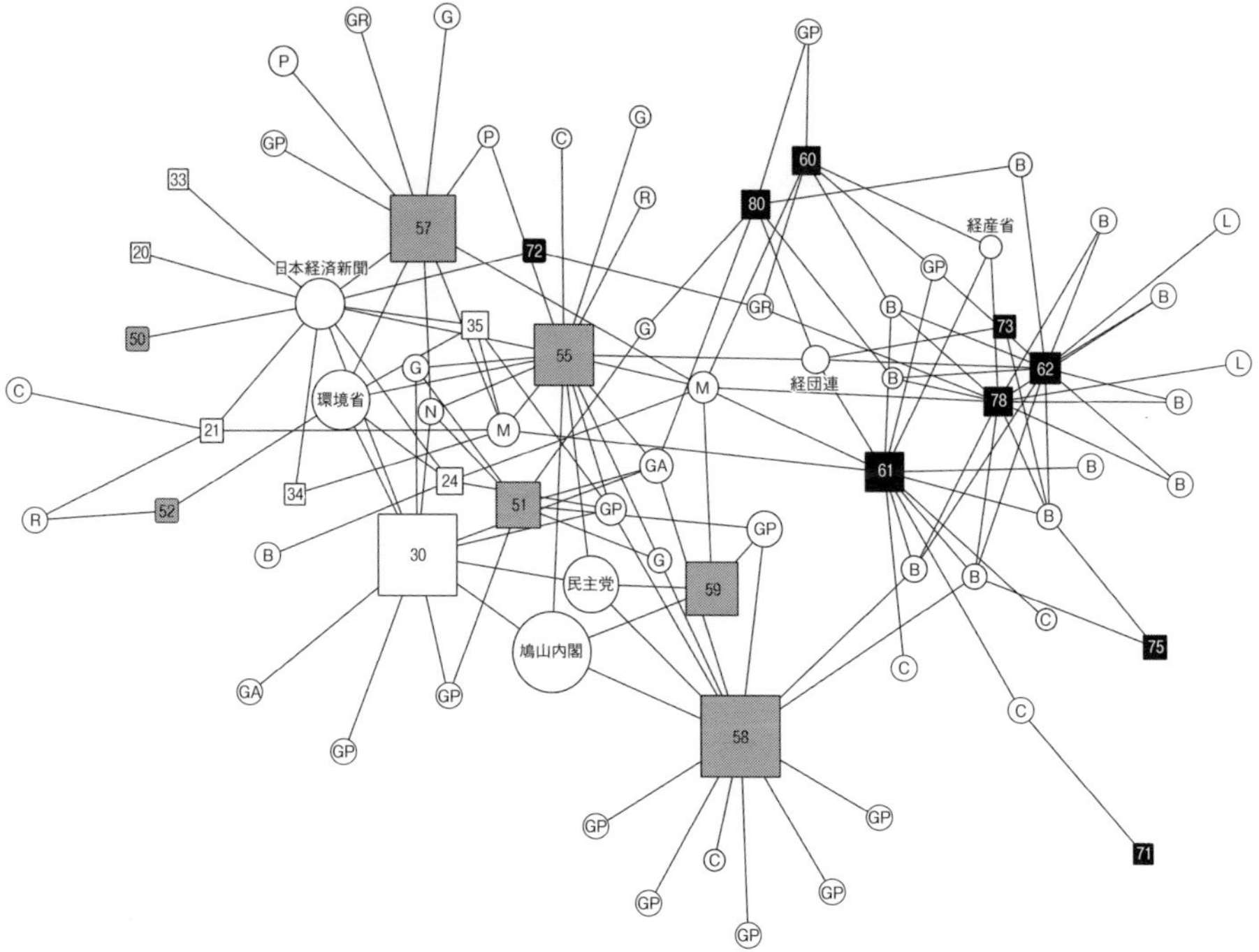

図 4-5　言説ネットワーク（第 3 期前半：2009 年 9 ～12 月）

注：□内の数字は表 4-1 のステイトメント番号に対応。白色は「排出規制」的言説、灰色は「財源確保」的言説、黒色は「規制反対・自主行動」的言説である。○内のアルファベットはアクターの分類を表す。G：政府機関（省庁）、GP：政府関係者（首相・大臣など）、GA：政府機関（審議会・検討会）、GR：政府系研究機関、P：政党、B：経済・業界団体、C：企業、T：シンクタンク、N：環境 NGO、L：労働組合、R：研究機関、M：マスメディア、iG：政府機関（海外）、iB：経済・業界団体（海外）、iT：シンクタンク（海外）、iN：環境 NGO（海外）、iR：研究機関（海外）。主要なアクターは固有名を掲載。

環境税の導入と変質——第三期後半

最後に、環境税が制度化された第三期後半、二〇一〇年から二〇一二年までの三年間を検討していく。暫定税率廃止と同時に環境税を創設する環境省案は見送られたものの、「平成二二年度税制改正大綱」の中で、環境税は「平成二三年度実施に向けた成案を得るべく、更に検討を進める」旨が記されることになった。これを受けて、二〇一〇年には、これまで環境税に反対してきた経産省が、現行の石油石炭税（原油、輸入石油製品、ガス状炭化水素及び石炭に課される税で、採取者と輸入業者によって支払われる）の課税強化を行い、それをエネルギー対策特別会計に組み込む形での環境税導入を政府税制調査会に要望した。エネルギー対策特別会計を共管する環境省も、経産省案に沿った要望を提出したことで、政府は経産省案を軸とした環境税を盛り込んだ「平成二三年度税制改正大綱」を閣議決定した。だが、国会の与野党論争の中で環境税は先送りとなり、最終的に翌年の「平成二四年度税制改正大綱」を経て、二〇一二年三月に法案が可決、同年一〇月から、石油石炭税の「地球温暖化対策のための課税の特例」として施行されることになった。

図4-6は、第三期後半、環境税が制度化する過程を言説ネットワークとして描いたものである。この時期の言説ネットワークの変化として、次の二点を指摘することができる。第一に、暫定税率の問題が恒久的な一般財源化という形で決着したことで、第三期前半と比べて財源確保言説は減少した。だが、財源確保の観点から環境税を捉える言説は、「排出規制派」の中に組み込まれていき、「排

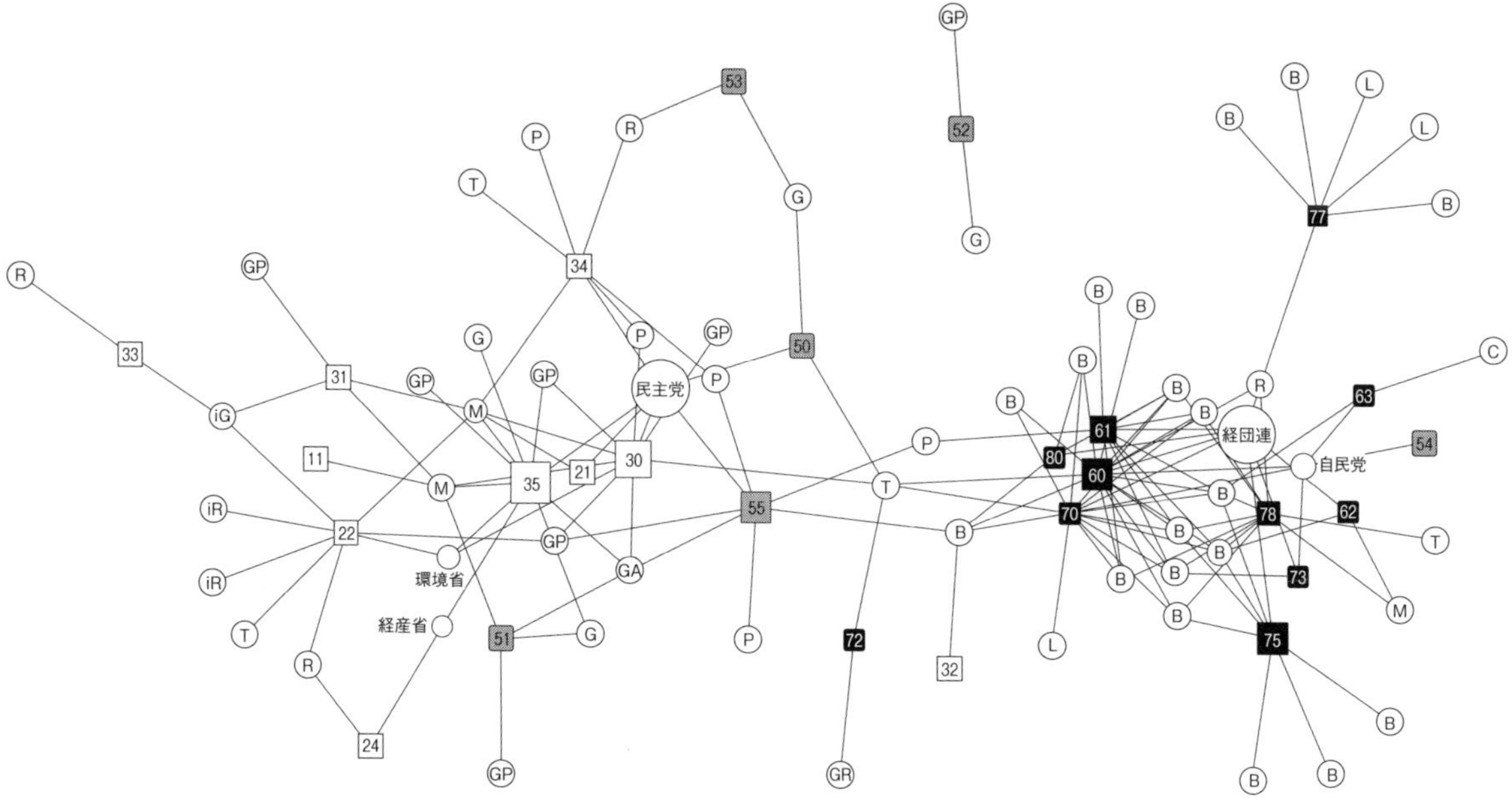

図 4－6　言説ネットワーク（第 3 期後半：2010 ～ 12 年）

注：□内の数字は表 4－1 のステイトメント番号に対応。白色は「排出規制」的言説、灰色は「財源確保」的言説、黒色は「規制反対・自主行動」的言説である。○内のアルファベットはアクターの分類を表す。G：政府機関（省庁）、GP：政府関係者（首相・大臣など）、GA：政府機関（審議会・検討会）、GR：政府系研究機関、P：政党、B：経済・業界団体、C：企業、T：シンクタンク、N：環境 NGO、L：労働組合、R：研究機関、M：マスメディア、iG：政府機関（海外）、iB：経済・業界団体（海外）、iT：シンクタンク（海外）、iN：環境 NGO（海外）、iR：研究機関（海外）。主要なアクターは固有名を掲載。

出規制派」が目指す環境税の方向性がそれまでとは変化したと指摘できる。この時期の「排出規制派」は、環境税の導入を主張しながらも、排出削減目標の達成に必要な水準の価格効果を生み出す高額の課税を求めていない。また、財源効果だけで目標達成を図るような莫大な規模の予算額を要求してもいない。「自主行動派」との対立構造の中で、現実に導入可能な水準の税率で財源を確保して、省エネ対策や温室効果ガス排出削減のための技術開発に予算配分することを重視するようになっている。それは同時に、京都議定書や鳩山イニシアチブで約束した国際的な削減目標を遵守するためには、環境税導入が必要だとする言説を後景化させていった。

第二に、「自主行動派」の主要アクターであった経産省が「宗旨替え」を行い、「自主行動派」を離脱したことである。経産省は、経団連をはじめとする経済団体や業界団体とともに環境税反対の立場を表明してきた。それがこの時期になって、経産省みずからが環境税導入を掲げたことは、環境税推進の大きな原動力となった。同時に「自主行動派」にとっては、その一翼が崩れ、相対的に言説空間内での影響力は弱まったといえる。

このような言説ネットワークの変化は、財源確保言説という新たな認識枠組みが加わったことによって、環境税をめぐる言説空間全体の再構築が生じたことを反映している。同時に、この再編の結果生じた「財源確保派」連合の成立は、環境税そのものの制度設計にも影響を及ぼすことになる。一九九〇年代当初から想定されていた環境税はピグー税としての性格、つまり、エネルギー消費に対して税金を課すことで外部不経済を内部化し、消費を抑制するという経済的規制に重点が置かれていた。だが、財源確保言説による言説空間の再編によって、省エネ対策や再生可能エネルギー導入を推進する補助金や助成金の原資を確保する言説に力点が置かれるようになり、施策を通じて排出量を削減するという財源効果の側面がより強調されるようになった。その結果、二〇一二年に成立した地球温暖化対策税は、現行の石油石炭税に二酸化炭素排出量に応じた税率を上乗せし、その課税額は二〇〇三年専門委員会案の三分の一程度となる二酸化炭素排出量一トンあたり二八九円（炭素一トンあたり一〇六〇円）となった。納税義務者は主にエネルギー産業の企業であるが、製品価格として増税分を上乗せすることで、消費者を含めて広く薄い負担を求める。さらに急激な負担増にならないよう、税率は二〇一二年から三年半をかけて段階的に引き上げられる配慮もなされている。税収は経産省と環境省が共管するエネルギー対策特別会計に繰り入れられ、再生可能エネルギーの導入や省エネ対策など気候変動対策に活用されることになった。このように、環境税は構想当初より低い税率に抑えられ、価格効果による排出量規制という性格が弱められた形で制度化されることになったのである。

4 言説ネットワークと政策過程

本章では、言説ネットワーク分析によって環境税導入の政策過程を考察してきた。環境税の導入をめぐっては、「排出規制派」連合と「自主行動派」連合という二極化した言説ネットワーク構造が見られた。双方の言説連合は「環境と経済を両立すべき」というエコロジー的近代化言説を共有しながらも、温室効果ガスの削減を、経済的手法によって国が規制すべきか、企業の自主的行動に委ねるべきかをめぐり対峙した。

「自主行動派」連合は、経産省と経団連を核として企業や業界団体の組織的な動員に成功して、言説空間において優位な地位を維持してきた。一方の「排出規制派」連合は、京都議定書の削減目標を達成するという正統性を持ちながらも、「自主行動派」連合を上回る動員は叶わなかった。これら二つの言説連合を架橋しうる言説も不在だったため、言説ネットワークは二極化したまま一〇年以上にわたる膠着状態に陥ることになった。

「排出量規制派」と「自主行動派」の膠着状態に変化をもたらす契機となったのは、財源確保という新たな問題認識枠組みの登場によって言説空間に新たな軸が設定され、言説連合の再編が生じたからである。財源としての環境税という問題認識枠組みは、これまで環境税に反対してきた経産省をも取り込み、環境税の制度化に大きく寄与した。一方で、この問題認識枠組みの変化は環境税そのものの性格にも影響を与え、価格効果による規制的な側面よりも、税収を気候変動対策に活用する財源効果に重点が移っていくことになったのである。

【コラム…………………………………………4】

エコロジー的近代化

中澤高師

環境問題と近代化はどのような関係にあるのだろうか？　自然破壊や環境汚染、資源の枯渇といった問題は、技術発展と産業化、資本主義とあくなき経済成長の追求といった近代化の過程で発生してきた。それゆえ、その解決は、しばしば近代社会の仕組みの抜本的な変革に求められることになる。こうした考え方とは対照的に、エコロジー的近代化論は「環境危機から抜け出すための鍵は、さらなる近代化にある」と主張する。

エコロジー的近代化論が登場した背景には、一部の先進国における環境改善と経済成長の同時進行がある。従来、環境と経済成長は対立すると考えられてきた。これに対して、エコロジー的近代化論は、両者は必ずしも矛盾せず、むしろ市場メカニズムを通じた環境コストの内部化や技術革新による資源利用の効率化が、経済成長につながると唱えた点に特徴がある。

エコロジー的近代化論には、技術決定論である、資本主義的生産・消費に手をつけない表面的改革にとどまる、経済的価値に還元できない自然環境の価値が度外視されている、分析対象が国単位でグローバルな視野が欠けているなど、さまざまな批判が寄せられてきた。こうした批判と対峙する一方で、再帰的近代化論やリスク社会論、民主主義理論などとの接合も試みられており、その理論は多層化・多様化してきている。環境と近代の関係を問い直すエコロジー的近代化論は、持続可能な社会を考える上で、現在も論争の中心となっている。

参考文献

Mol, A. P. J., D. A. Sonnenfeld & G. Spaargaren 2009. *The Ecological Modernisation Reader: Environmental Reform in Theory and Practice*. New York: Routledge.

第5章 産業界の自主的取り組みという気候変動対策の意味

野澤淳史

1 被害はどこにあるのか

夏のゲリラ豪雨や冬の大雪が報道されるたびにそれらは異常気象と呼ばれ、気候変動との関連が指摘される。近年、日本国内でも異常気象が原因の災害による被害や死者が発生しており、気候変動の影響が懸念されている。一方、国際的な状況に目を向けると、たとえば、二〇一三年一一月にフィリピンを直撃した台風ハイエンと、これを受けて同月、COP19においてフィリピン代表が対策の進展を訴えて行ったハンガーストライキに対して多くのNGO関係者が支持を表明したことは記憶に新しい。また、二〇一四年一一月に開催されたCOP20においてドイツのNGOジャーマンウォッチが報告したところによると、一九九四年から二〇〇三年の一〇年間に気候変動のリスクに最も直面した上位五か国は、ホンジュラス、ミャンマー、ハイチ、ニカラグア、フィリピンである（Kreft et al. 2014）。これらの国々では、気候変動の影響により人的にも経済的にも被害が発生しているとされる。このように被害を受けるのは発展途上国であり、先進国日本はむしろ加害者の側に位置づけられる。気候変動問題は人的・経済的被害が発展途上国に偏ることから環境正義の問題として捉えられることが多い。

こうした状況下では、気候変動問題の解決に向けては、市民やＮＰＯ／ＮＧＯ、企業、行政機関などが協働して温室効果ガスの排出量を削減し、国際社会に貢献していくことが目指される。単に反対運動や抗議活動を行うだけではなく、国民全体がこれまでの生活を省みて、省エネ型のライフスタイルへと転換していくことが求められる（長谷川 一九九七）。産業公害の頃のように市民にとって敵手となる特定の原因企業は存在しにくい。そのため、ある特定の企業や業界に対して直接的な排出規制を課したり罰則規定を設けたりするよりも、環境税や排出量取引、各種環境マネジメントシステムの導入や自主的取り組みなどを組み合わせながら削減に向けた模索が続けられている。また、この問題の理解のためには、国際関係の中で生じる被害‐加害構造の解明だけではなく、市民、企業、政府という三つのセクターがどのように相互に連関し合い、その国固有の政策が形成されているのか、その過程を明らかにすることが求められる。

しかし、気候変動問題については、被害者あるいは生活者の学として「被害とは何か」という問いに向き合い、環境問題の実像を捉えてきた日本の環境社会学の蓄積を生かした問題把握がまだ十分になされていない。あるいは、被害と加害を構造的に理解する枠組みが、少なくとも現在の日本国内においては当てはまりにくい状況にあるからこそ気候変動問題はこれまで取り上げられることが少なかった、と言うこともできる。また、セクター間の相互連関を理解するには、環境社会学のこれまでの蓄積を生かしながらも、独自の視点から捉えることが求められる。そこで、この章では、これまで被害‐加害という関係性の枠組みの中で加害者として位置づけられ、それ自体として分析の対象とされることが少なかった一般企業や業界団体（以下、産業界と表記する）の気候変動問題に対する取り組みに焦点を当て、その特質である自主的取り組みの意味することがらを探っていきたい。

2 環境問題の解決と企業の取り組み、およびその把握

環境か経済か

地球規模の環境問題の深刻化は、広範な社会運動を引き起こすだけでなく、産業界においても対策の必要性とその緊急性を自覚させることとなった。現在、環境問題に対する姿勢を明確に示し、その取り組みを公表することは企業が社会で活動を行う上で不可欠の要素となっている。今でこそ「環境も経済も」と言われるが、しかし、それは最初から結び付けられてきたわけではなく、トレードオフ、つまり「環境か経済か」という問題として捉えられてきた。

環境問題の解決と経済発展のどちらを優先させるのかという問題は、環境問題に対する危機意識が世界的に高まった一九七〇年代以降に鮮明になっていく。一九七二年、スウェーデンのストックホルムで「かけがえのない地球」を合言葉に、環境問題に関する世界で初めての国際的な政府間会合である「国連人間環境会議」が開催され、二六の原則からなる「人間環境宣言」が採択された。また同年、地球の有限性という共通の問題意識を持った知識人により構成されたシンクタンク「ローマ・クラブ」は、一九七二年に『成長の限界』を発表し、このまま経済成長を続けた場合、一〇〇年のうちに人類社会が危機的な状況に陥ることを警告した。大量生産と大量消費、そしてその前提としてある大量採取（収奪）と大量廃棄に基づく産業社会はいずれ破局的な事態を招くものとして悲観的に捉えられるようになり、経済活動に対してさまざまな規制がかけられていく。

厳格な規制に対しては経済成長や雇用の面で悪影響を与えるという批判が根強くあったが、しかし、一方でそれは環境技術の革新を促してきた。たとえば、アメリカでは、車の排気ガス中の有害物質を一〇分の一に削減する大気汚染防止のための環境規制「マスキー法」の制定が、排ガス除去技術の開発に成功した日本の自動車メーカーが国際競争力を高め北米市場で成功を収める要因となったように、規制の導入によって新しい製品や技術の開発が促進され、それまでの産業構造に変化がもたらされ、新たな経済活動が生み出されていった。

政治的には、地球環境の保全と途上国における開発のあり方を議論する目的で設立された「環境と開発に関する世界委員会」（通称ブルントラント委員会）が一九八七年に発表した『我ら共有の未来』と題する報告書の中心的理念として用いられた「持続可能な発展」という考え方が、経済発展を環境問題に対する大きな脅威と捉える『成長の限界』以来の認識に変化を与えていく。

経済成長や技術革新が環境問題の解決策となりえるとして、将来世代のニーズ充足の機会を損なうことなく今日のニーズを満たすことを目指す「持続可能な発展」という考え方は、その後、一九九二年にブラジルのリオ・デ・ジャネイロで開催された「環境と開発に関する国際連合会議」（通称「地球サミット」）での、地球レベルでの持続可能な発展を実現するための原則を記した「環境と開発に関するリオ・デ・ジャネイロ宣言」とその諸原則を実行するための行動計画である「アジェンダ21」や、二〇〇二年に南アフリカのヨハネスブルグで開催された「持続可能な発展に関する世界首脳会議」での宣言に盛り込まれ、国際的にも認知されていく。

こうした環境技術の発展や政治的状況の変化を受けて、産業界においても地球規模の環境問題に対する認識が定着し、その姿勢が明確化していった。一九九五年、持続可能な開発に関する世界の産業界の見解を取りまとめ、国際的な関心を高めて取り組みを促すことを目的として、持続可能な開発のための経済人会議が創設された。「持続可能な開発のための経済人会議宣言」は、経済的活動と環境保護の分かちがたい関係について次のように述べる。

開かれた競争市場は、国内的にも国際的にも、技術革新と効率向上を促し、すべての人々に生活条件を向上させる機会を与える。そのような市場は正しいシグナルを示すものでなければならない。すなわちサービスの生産、使用、リサイクル、廃棄に伴う環境費用が把握され、それが価格に反映されるような市場である。これは、市場の歪みを是正して革新と継続的改善を促すように策定された経済的手段、行動の方向を定める直接的規制、そして民間の自主規制を組み合わせることによって、最もよく実現できる。

（Schmidheiny 1992=1992: 6–7）

このように、産業界は、技術革新により環境問題の解決を目指していく立場をとっており、そのためには、規制的手段に加えて企業それぞれの自主的な対策が重要であると考えている。

さて、日本では一括りに「自主的」と表現されるこの言葉であるが、その意味することがらは一様ではない。たとえばセーゲルソンとミセリ（Segerson & Miceli 1999）は、自主協定（voluntary agreements）を賞罰の観点から、①コストシェアや補助金など積極的な誘因（インセンティブ）を与えることで参加を促すもの、②それが実現しない場合、法制度など厳しい対策を課すことで参加を促すもの、という二つに分類している。モルゲンシュテルンとパイザー（Morgenstern & Pizer 2007）は、公的機関の関与の度合いに着目し、①企業や業界団体によって目標が定められた「一方向の協定」（unilateral agreements by industrial farms）、②環境団体や公共団体によって策定されたものを企業が合意の上で参加する「公的プログラムとしての自主協定」(public voluntary programs)、③政府機関と企業あるいは業界団体の間での具体的な協議の上で作られた「交渉による協定」(negotiated agreements) の3つに分類している(杉山 二〇一三)。

③へと近づくにつれて、自主的取り組みは産業界の裁量による基準から離れ、対策目標は国のそれと重ね合わされていき、一定程度の集合的な義務が発生していく。そこに罰則規定はないが、目標を達成し損ねると、個別企業の削減努力とは無関係に産業界に対して規制を課す何らかの対策が取られる事態を招く可能性がある。この場合、環境対策に取り組んだ企業は努力したにもかかわらず不利益を被り、取り組みに意欲的でなかった企業は、規制が課されるまでの間より多くの利益を得ることになる。この点で、「交渉による協定」は、取り組みを実施し続ける限り産業界が何らかの新しい措置を課されることを避けられる反面、それが賞罰を伴うものでない以上、対策を怠り「ただ乗り」する企業を生み出すという問題を孕んでいる(Börkey & Lévêque 2000)。

日本の文脈

このように、「自主的」という言葉は賞罰の有無や公的機関の関与の度合によって多様な意味を持つ。だが、日本の環境社会学においては、公害被害者に対する支援の運動や原因企業や国に対する告発・異議申し立てが、環境問題や環境政策を議論する際の基調となっていることも影響し、被害を作り出す加害者の側に位置づけられる産業界に対するまなざしは固定化している。

「原点としての居住者（生活者、被害者）の視点からの発想に基づく歴史の実態の総合的な把握、これが日本における環境社会学の現時点での特徴であり、独自性であると考える」（飯島 一九九四：八）。自然科学的に被害を規定しようとする専門家に対して、あるいは金銭的補償に換算して被害を規定しようとする加害企業や政策決定者に対して、被害者が生活する現場に立ち、両者の認識の差異から環境問題の実像を描き出すことで社会に存在する差別や偏見の問題を告発してきた環境社会学（者）は、地球規模の環境問題への関心の増大を必ずしも歓迎していたわけではなかった。「こんにち、公害問題も環境問題も終息し、時代は地球環境を考えるときへと移ったとの宣伝が大規模になされている。その宣伝の欺瞞性を実証研究に基づいて提示し、まことの地球環境問題とはなんであるのかを示すことも、環境社会学の重要な課題である」（飯島・鳥越 一九九五：四〇一）。確かに、環境に関する技術や意識は向上してきた。しかし、「環境にやさしい」「エコ」といった言葉が広く用いられるようになり、それに伴い環境対策が経済的にも付加価値を帯びてきた時代に、被害と加害の問題が等閑視されていく状況に環境社会学（者）は違和感を抱いていた。地球規模の環境問題の存在を否定しているわけではない。それは、「もとより重要であるが、その問題のみが取り上げられて、地域における環境問題が軽視される傾向には危うさを感じる」（飯島 二〇〇一：二五）と述べられているように、公害被害の問題に向き合い続けてきたゆえの危機感の現れといえる。これを解消し、「まことの地球環境問題」とは何であるのかを明らかにするために、たとえば、加害‐被害関係を強者‐弱者関係へと重ね合わせながら、先進工業国と途上国の間にある地球規模の環境問題をめぐる不均衡へと目を向け、具体的な地域の問題として捉えようとした（飯島 二〇〇一）。

以上のような問題意識を出発点とする環境社会学の枠組みにおいて、産業界は、総じて、問題解決における客体の側に位置づけられてきた。環境問題の解決過程を「環境制御システムの形成と経済システムに対する介入の段階的深化」と捉える舩橋（二〇〇四）は、地球温暖化が政治的にも注目されるようになった一九九〇年代以降を、環境配慮型の経済システムが副次的経営課題から中枢的経営課題へと内部化していく段階と捉え、これを推し進めていく主体となるのは、政策的な解決を担う行政当局と運動的な解決を目指す市民であるとしている。また、環境マネジメントシステムであるＩＳＯ１４００１の導入が企業の環境経営にどのような機能を果たしているのかを分析した竹原（二〇〇七）は、企業による環境配慮活動や環境に優しい製品の開発は、他社がやるから自社もやらざるをえないものとして認識されていると考察する。このような立場から、「環境への取り組みはやっておく必要があるが、成長性につながるかどうか確信はない。しかし、やらなければリスクになる」、「多くの企業が環境に取り組めば優位性が出てこない」という担当者の回答を受けて、これを「横並び意識」と表現している（竹原 二〇〇七：一一八）。概して、産業界は環境対策に消極的な姿勢であるため、外からの力で変革していく必要があると捉えられている。

だが、地球規模の環境問題、とりわけ気候変動問題は、被害者や市民運動の側面からだけでは問題は捉えられない。もちろん国家間の交渉という文脈だけでも足りない。地球温暖化防止京都会議（COP3）で採択された京都議定書をめぐる国際的な議論の混迷した状況を分析した池田（二〇〇一）は、その理念とは裏腹に国家間の利害調整に終始した結果、本来重視されるべき国内事情に応じた多様な政策努力が欠落していることを問題視し、政府、科学者、企業、NPO／NGO、各種メディアなどが、温暖化問題とその対策をめぐって、どのような異議を申し立てているのか、また、それらが政策決定過程にどのように影響しているのかを社会的な文脈の中で分析することの重要性を指摘する。そうであるならば、市民や行政の側から、産業界を、変革を迫られる客体として捉えるだけでは十分とはいえない。気候変動問題を捉えるにあたっては、産業界の側からその取り組みを分析していく作業も求められる。

3 経団連の気候変動対策

それでは、日本における環境社会学の議論の中でこれまで積極的に語られてこなかった産業界は、気候変動問題といかに向き合い、何を主張し、どのような取り組みを実践してきたのだろうか。ここでは、日本の産業界の気候変動問題に対する自主的取り組みを経団連（正式名称は社団法人日本経済団体連合会）の活動を軸にして捉えていく。

経団連の環境問題に対する態度は一九九〇年代以降鮮明になっていく。まず、一九九二年の地球サミットに向けて一九九一年四月に「経団連地球環境憲章」を発表、「環境問題の解決に真剣に取り組むことは、企業が社会からの信頼と共感を得、消費者や社会との新たな共生関係を築くことを意味し、わが国の健全な発展を促すことにもなろう」と述べた上で、その基本理念を次のように定める。

企業の存在は、それ自体が地域社会はもちろん、地球環境そのものと深く絡み合っている。その活動は、人間性の尊重を維持し、全地球的規模で環境保全が達成される未来社会を実現することにつながるものでなければならない。

われわれは、環境問題に対して社会の構成員すべてが連携し、地球的規模で持続的発展が可能な社会、企業と地域住民・消費者とが相互信頼のもとに共生する社会、環境保全を図りながら自由で活力ある企業活動が展開される社会の実現を目指す。企業も、世界の「良き企業市民」たることを旨とし、また環境問題への取り組みが自らの存在と環境に必須の要件であることを確認する。

（経団連 一九九一）

また、一九九一年九月には「企業行動憲章」を発表し、企業の社会的役割の原則の一つとして環境保全に配慮した企業活動を行うことを定めた。現在の文言では「環境問題への取り組みは人類共通の課題であり、企業の存在と活動に必須の要件として、主体的に行動する」と記されている（二〇一〇年九月一四日憲章改定）。「経団連地球環境憲章」と合わせてこれら二つの宣言が経団連の地球環境問題への取り組みの原点といわれる（岩間 二〇一一）。その後、環境管理・監査の国際規格であるISO14000シリーズの作成作業の開始（一九九三年）や、持続可能な発展を中心的な理念として謳った環境基本法の成立（一九九三年）など、国内外において企業の環境対策の必要性が高まり、環境関係の部署の設置が企業内で進められていくようになる。一九九六年七月には地球環境憲章を発展させた「経団連環境アピール――二一世紀の環境保全に向けた経済界の自主行動宣言」を採択し、環境倫理の再確認、環境効率性の実現、自主的取り組みの強化の三つを、産業界が持続的な発展を実現していく上での鍵とした。

このように一九九〇年代以降経団連が環境問題に対する姿勢を鮮明にしていった背景には、すでに述べたような技術的、政治的変化があるが、国内的には一九九七年一二月にCOP3が京都で開催されることになっていたという事情があった。経団連参与を務めた太田元は、当時の状況を「なんらかの行動の変化を起こす必要性を強く意識するようになっていった。なんらかの行動を起こすことを求められていると判断した、と言ってもよいであろう」（太田 二〇〇一：六七）と振り返っている。経団連は、国が、京都会議が近づくにつれて開催国として大幅な削減目標や具体的な対策を示すべきという世論の高まりを受けて何らかの施策を打ち出すであろうことを念頭に置き、気候変動対策に乗り出した。

果たして、経団連はCOP3開催前の一九九七年六月、「経団連自主行動計画」を発表した。[*1] この行動計画は、①各産業が誰からも強制されることなく自らの判断で行った、まったくの自主的な取り組みであること、②製造業から非製造業まで、きわめて幅広い企業が参加していること、③多くの企業が数値目標を掲げていること、④行動計画を計画的にレビューすること、の四点を特徴としている（経団連 一九九七）。そして同年九月、経団連傘下の産業界負担分を一九九〇年排出量比でプラス・マイナス〇％にすることを自主的に宣言し、目標値を確定させた。これは「当時の日本政府の交渉ポジションであった削減目標値と同様のものを受け入れることで政府に対して先手を打つことによって、産業界の協力姿勢を示しつつ、（中略）将来の規制導入や課税による負担増を回避する狙いを持つ戦略的行動の産物」（谷川 二〇〇四：一二）と評価されているように、国の目標をあらかじめ取り入れるだけではなく、追加的な施策の導入を阻止する狙いもあった。また、COP3の開催に合わせて「COP3ならびに地球温暖化対策に関する見解」を発表し、政府に対して、画一的な規制ではなく自主的取り組みを尊重するようを要望した。その理由として経団連は、自主性や柔軟性が確保された方が、実用化可能な技術の開発が進むこと、どの程度の削減であれば合理的であるのかを産業界自らが目標を設定する方がより効率的な温暖化対策が促進することを挙げた。

このように、国の施策や世論の増大に先手を打つ形で始まった経団連の気候変動対策であるが、それは徐々に国の気候変動対策の中に位置づけられていく。COP3で採択された京都議定書の実施に向け、具体的かつ実効力ある対策を進めるために内閣に設置された地球温暖化対策推進部は、一九九八年六月に「地球温暖化対策推進大綱」を決定し、その中で経団連が進める自主行動計画について、「関係審議会等により、その進捗状況の点検を行い、その実効性を確保する。また、このような行動計画を策定していない業種に対し、一九九八年度中に数値目標等の具体的な行動計画の早期の策定とその公表を促す」と記した。二〇〇二年三月に同大綱が改定された際には、「自主行動計画は、各主体の自主的かつ幅広い参画による自らの創意工夫を通じた最適な方法の選択が可能、状況の変化への柔軟かつ迅速な対応が可能等の観点から、環境と経済の両立をめざす本大綱の中核の一つをなすものである」と位置づけた。しかし、一方では、この大綱の策定過程で、京都議定書の拘束期間の開始（二〇〇八年）までの間、定期的に施策の評価を行い、成果の上がらない部門に対する対策を強化するステップ・バイ・ステップ・アプローチが採用され、将来、規制的措置が実施される可能性が残されることになった。

二〇〇五年二月に京都議定書が発効されると、政府は「京都議定書目標達成計画」を閣議決定し、その中で「産業界の自主行動計画の目標、内容についてはその自主性にゆだねられるべきものである」とした。二〇〇八年三月に閣議決定された「京都議定書目標達成計画」の中では、「経団連自主行動計画は産業界における対策の中心的役割を果たしている」とその位置づけを明確化していく。そして、産業部門や経団連傘下の団体や企業に限定せず、個別に計画を策定し、取り組みを進めている場合を

「自主行動計画」と定義し、政府による評価・検証の対象にすることにした。各業界団体が参加企業から集計し公表したデータは、経団連が独自に設置した第三者委員会と政府の審議会によるチェックが行われる。産業界の自主的取り組みは、徐々に国の京都議定書目標との整合性を求められるようになっていった（若林 二〇一三：一三四―一三五）。

さて、日本は京都議定書第二約束期間（二〇一三～二〇二〇年）には不参加となったが、その後の状況を概観しておく。二〇一二年度で京都議定書の第一約束期間が終了することを受けて、経団連は二〇〇九年一月に自主行動計画に続く新たな計画として「低炭素社会行動計画」の基本方針を公表、二〇一三年一月には同計画を取りまとめた。その中で、経団連は「環境自主行動計画を策定して以来、省エネやCO_2削減に多くの成果を上げてきた。この間、産業界において温暖化問題の重要性に対する意識改革が進んだことや、数多くの新技術の開発や普及が行われ、イノベーションの創出に寄与したことも、自主行動計画の特筆すべき成果である」（経団連 二〇一三a）とこれまでの取り組みを評価している。また二〇一三年一一月に地球温暖化対策推進本部において「二〇二〇年までの温室効果ガス二〇〇五年比三・八％減」と「攻めの地球温暖化外交戦略」が決定されるに先立ち、経団連は七月に「攻めの地球温暖化外交への提言」を発表、その中で、「全ての主要排出国が長期にわたり温暖化防止にコミットしていくためには、経済成長との両立が不可欠であり、その鍵を握るのはすぐれた技術である」（経団連 二〇一三b）と述べ、温室効果ガス削減を可能とする革新的技術の開発と実用化が重要であるとして、京都議定書への参加の有無にかかわらず、引き続き自主的に取り組む姿勢を打ち出している。

4 日本産業界の自主的取り組み

日本の産業界の自主的取り組みは、あくまでその自主性に委ねられている。政府による罰則やインセンティブが伴うわけではなく、環境団体や政府との交渉に基づいて締結されたものではない。自主行動計画とは「各産業が誰からも強制されることなく自らの判断で行った全くの自主的な取り組み」であり、その意味では、モルゲンシュテルンとパイザー（Morgenstern & Pizer 2007）の分類でいうところの①「一方向の協定」に該当する。このように自主的取り組みを規定した意図としては、第一に、COP3開催国という状況下で国が意欲的な施策を打ち出すのに先手を打ち、追加的な措置を阻止すること、第二に、自ら目標を設定する方が自主性や柔軟性を確保でき技術開発も進み、より効率的な対策が促進されることが挙げられる。

だが、京都議定書発効以降、政府が自主行動計画を国の政策に位置づけるようになるにつれて、その「自主的」という表現が意味することがらにも変化が生じていく。自主行動計画への参加自体は各業界団体の任意であり、またその計画策定も委ねられているが、計画に参加することは国の定める気候変動の対策目標に準じているものとして認識されるようになる。若林と杉山（Wakabayashi & Sugiyama 2007）は、自主行動計画は経団連が率先して策定した、その意味で拘束力のないものであるが、それが発展していく過程で「ゆるやかな拘束力を持つ」（四六頁）協定という性質を含意するようになったと述べる。このように気候変動問題に対する日本の産業界の自主的取り組みは「一方向の協定」という外見を持ちながらも、その内実は「交渉による協定」となっている。

表 5-1　調査対象数および回答数

	対象数	回答数（%）
業界団体	14	14（100.0）
個別企業	45	13（ 28.9）
銀行・証券・保険	8	1
総合商社	4	0
電気・エネルギー	6	3
運輸	6	4
重工業	13	3
電機	5	1
住宅	2	0
小売業	1	1

それでは、一般企業や業界団体はこの自主的取り組みを実際にはどのようなものとして認識しているのだろうか。COMPON調査の結果をもとに、全体の回答と比較しながら明らかにしていく。なお、本調査では、対象とした一般企業四五社中一三社から回答を得ることができた。業界団体においては対象としたすべての団体から回答を得ることができた（表5-1）。

まず、全回答者七二団体に目を向けると、温暖化対策として有効な対策が何であるのかという意見の違いにかかわらず、回答者の約六割が、温室効果ガスを削減していくことが新規産業を興し日本の経済成長の機会になると考えている。温暖化対策と経済成長に結びつくものとして肯定的に捉えられているが、二〇〇九年に民主党が衆議院議員総選挙のマニフェストに明記したCO_2二五%削減という目標は否定的に評価される傾向にある。

それでは、マイナス二五%という目標が過大だと回答した組織はどのような政策を支持しているのだろうか。全回答者のうち「日本の二〇二〇年削減目標である一九九〇年比二五%減は過大である」について「そう思う」と「ある程度そう思う」と回答した二一団体が有効と考える対策、「あまりそう思わない」と「そう思わない」と回答した三〇団体が有効と考える対策について、それぞれを団体数でカウントし上位三項目までの順位付けを行った。その結果、マイナス二五%という政治目標を否定的に評価する団体においては自主的な削減目標を立て実行していくことが支持され、一方、肯定的に評価する団体においては法的な枠組みによる規制が求められていることが分かる。

それでは、どのような組織が自主的な削減目標が有効であると考えているのか。温暖化対策として有効であると考える取り組みをまとめた表5-2を見ると、企業、業界団体、シンクタンクが自主的な削減目標を重視する一方、地方自治体、政党、NGO、その他の団体が法的規制が有効であるとしていることが分かる。

やはり、一般企業も業界団体も自主的な取り組みで対策を進めていくことを求めている。温暖化対策が経済成長と結びつくと考えながらも、それが政府主導の目標と連動して性急に進められていくことには法的規制と同様に拒否感を示す。あくまでそれは自主的な計画に沿って進められていくべきで

表 5－2　温暖化対策として有効な取り組み

1．中央団体（13 団体）

①（4 団体）	セクター毎の自主的な温室効果ガス削減目標
②（3 団体）	セクター毎の法的な温室効果ガス排出制限 都道府県による温室効果ガス削減政策
③（2 団体）	個々の企業による自主的な温室効果ガス削減 国内排出量取引制度 原子力発電の拡大 再生可能エネルギーへの補助金 二酸化炭素回収貯留技術（CCS）の利用 植林と森林荒廃の防止

2．地方自治体（3 団体）

①（2 団体）	セクター毎の法的な温室効果ガス排出制限
②（1 団体）	都道府県による温室効果ガス削減政策 バイオマスエネルギーの利用拡大 環境教育の推進

3．政党（5 団体）

①（2 団体）	セクター毎の法的な温室効果ガス排出制限 温暖化対策税（炭素税） 国内排出量取引制度
②（1 団体）	都道府県による温室効果ガス削減政策 バイオマスエネルギーの利用拡大 個人の努力で環境負荷を抑える 環境教育の推進

4．マスメディア（3 団体）

①（2 団体）	温暖化対策税（炭素税）
②（1 団体）	国内排出量取引制度 原子力発電の拡大 再生可能エネルギーへの補助金

5．一般企業（12 団体）

①（6 団体）	再生可能エネルギーへの補助金
②（4 団体）	個々の企業による自主的な温室効果ガス削減
③（3 団体）	植林と森林荒廃の防止

6．シンクタンク（4 団体）

①（2 団体）	セクター毎の自主的な温室効果ガス削減目標 個々の企業による自主的な温室効果ガス削減 環境教育の推進
②（1 団体）	セクター毎の法的な温室効果ガス排出制限 原子力発電の拡大 再生可能エネルギーへの補助金 バイオマスエネルギーの利用拡大 植林と森林荒廃の防止 その他

7．業界団体（14 団体）

①（9 団体）	セクター毎の自主的な温室効果ガス削減目標
②（8 団体）	個々の企業による自主的な温室効果ガス削減
③（6 団体）	原子力発電の拡大

8．NGOs（10 団体）

①（6 団体）	再生可能エネルギーへの補助金
②（5 団体）	温暖化対策税（炭素税）
③（4 団体）	その他（固定価格買取制度など） セクター毎の自主的な温室効果ガス削減目標 国内排出量取引制度

9．その他（6 団体）

①（4 団体）	セクター毎の法的な温室効果ガス排出制限
②（3 団体）	環境教育の推進
③（2 団体）	バイオマスエネルギーの利用拡大 二酸化炭素回収貯留技術（CCS）の利用 個人の努力で環境負荷を抑える

ある。気候変動問題に対する産業界の姿勢をこのように描くことができる。

それではなぜ、法的規制は否定的に評価されるのであろうか。法的規制の有効性に関して、ある回答者は次のように話す（以下、筆者インタビューより）。

「うちは勘弁してくれというところはありますよね。正直言うと、エネルギー使用量というのは、いわゆる環境的なCO_2排出の問題とは別にコストの問題もあります。電気代が下がればコストが下がるわけです。だから環境対策とコスト対策は両輪でやってきた部分はありますよ。たとえばＬＥＤの導入とかは環境の面も当然考えていますけど、コストの面もあります。我々が先駆的にそういったものに投資をしてＬＥＤや太陽光、スマートセンサーを入れてきた中で、これから法的に一律に今から五年後に一〇％下げなさいと言われるとちょっと困る。（中略）ただ有効であるのは間違いないです」（小売業）。

「日本は技術的にすでに良い製品を作っているので、ヨーロッパの基準でがんばれと言われても伸びしろが異なるため積極的ではありません」（運輸）。

法的規制は確かに有効であるものの、*2 これまで独自に対策を進めてきた企業にとってはさらなる削減は大きな負担となるため受け入れがたい。一方で、日本の技術はすでに水準が高く、規制をかけたところで劇的な改善は望めないという意見もある。他の担当者は次のように述べる。

「我々、企業ですから、投資対効果というのが絶対に問われますので、そういう観点ではなかなか大きな課題にはなっていますね。ただ、お金をいくらでも使っていいんだったら、まだいくらでも余地はあると思います」（重工業）。

こうした担当者の発言から、そもそも、すでに世界的に見ても水準の高い省エネ技術を有する日本の企業において、さらなる削減活動は容易ではないことをうかがい知ることができる。もちろん無尽蔵の資金があるのならば話は別だがそもそもそれは現実的な話ではない。

また、経団連の自主行動計画や低炭素社会実行計画への参加および目標の策定は業界団体という単位で行うものであるため、一般企業の考えは業界団体の見解の立場に優先するものではない。気候変動対策をめぐる一般企業と業界団体のこうした関係性は、一般企業の回答率が三〇％に届かなかったのに対して、業界団体が一〇〇％であったことからも推測することができる。

ある回答者は次のように述べている。

「業界団体で決めた内容に沿って会員企業が動くわけです。（業界団体に）助言を得るというよりかは、団体が綿密に連携しながらやる感じですね。だから一企業が、どこかに助言を求めてこうするああするというようなタイプではないです。経団連がこう言っているのに、いや、うちはこうですとは言わない」（重工業）。

「経団連が排出権取引に反対する立場を表明していたとする場合、賛成の方に丸をつけると足並みが乱れてしまう」（エネルギー）。

こうした産業界の態度をある担当者は「風土」（重工業）と表現している。このため、日本が京都議定書の第二約束期間に参加するかしないかということは、さほど重要な論点として認識されていない。

「（第二約束期間に日本が）参加しなかったから温暖化対策をやらなくていいかというと、そういうふうにはなっていないですよね。要するに自主行動計画を取り下げたわけでもなく、産業界は低炭素社会実行計画でやるって決めて動いていますから。（中略）。あくまでも第二約束期間に参加しなかっただけであって、取り組まないと言ったわけではない。ですので、あんまり変わらないんじゃないかなと個人的には思いますね」（電機）。

基本的に、一般企業が各業界団体の温暖化対策や、経団連が発表した自主行動計画や低炭素社会実行計画からはみ出ることはない。むしろ、これらの行動計画に即した取り組みを着実に実行する限り、政府は何らかの規制的手段を実施しないというコンセンサスがあるので、そこからはみ出ることができない。

5 「自主的」ということをどう解釈するか

産業界の自主的な取り組みに対しては、一般的に、目標設定が各事業者や業界の裁量に任されているため都合のよい水準が選ばれる、不履行時の罰則規定がないため強制力がなく実行を担保することができないという批判がある（若林 二〇一三：一〇〇－一〇一）。たとえば、こうした批判を補強するように、前節の調査結果から次のように考察し、本章の結語とすることもできる。すなわち、日本の産業界は世論の増大や国の施策に先手を打ち、かつ追加的な措置を避けるため、各自に都合の良い目標をあらかじめ設定し、自主的に気候変動対策に取り組んでいる。それを可能にしているのは、政府目標に自主行動計画が組み込まれているというその位置づけにある。

だが、日本の産業界の気候変動対策は、そのように解釈される（べき）ものなのだろうか。本章のまとめとして、そうではない解釈のあり方の可能性を考察したい。

その際に一つの鍵となりうるのは、「一方向の協定」かつ「交渉による協定」という特徴を持つ「自主的」という言葉の理解であると考えられる。経団連の自主行動計画は、産業界に負担を課すべきという世論の高まりを受けた政策が出される前に先手を打つという意図をもって始められた、その意味でまったく独自の試みであったが、それが国の気候変動対策のなかに位置づけられるようになるにつれて、京都議定書との整合性を求められるようになっていく。国の掲げる目標と重なるように業界団体ごとに策定される自主行動計画は、個別企業に対して一定程度の拘束力を有する。ここを企業独自の環境配慮活動が生まれにくい横並び意識の強さと捉えることもできるが、しかし、京都議定書第二約束期間への不参加が各企業の取り組みにはさほど影響しないと考えられていることが示すように、それは産業界が足並みをそろえる機能も果たしている。「交渉による協定」という意味を含む日本の自主的取り組みでは、対策に意欲的ではない企業の「ただ乗り」問題がむしろ生じにくいのではないか。このように日本の産業界における「自主的」という言葉を解釈することもできる。

業界団体を単位とすることは、個別企業による独自の環境配慮の活動が生まれにくい風土を作り出す反面、個別企業に対して強い影響力を与える。横並び意識の強さは、同時に産業界が足並みをそろえる機能も果たす。

環境問題への対策をめぐって産業界でどのような判断がなされているかといった具体的な事例に関しては、現状では、歴史的にも事例の数においても厚みのある分析はなされていない。もとより環境社会学という領域は、被害者や市民の立場を前提として、環境問題をめぐる不均等な、差別的な状況を明らかにすることで独自性を発揮し、発展してきた。だが、気候変動問題に対する産業界の取り組みを見ると、そしてその特徴である「自主的」という言葉が意味することがらを捉えるとき、そこには、単に問題解決における客体の側に位置づけるだけでは浮かび上がらない多義性や重層性を確認することができる。「先手打ち」や「足並み」という表現は往往にして消極的に解釈されがちであるが、しかし、それはそうした言葉が日本における気候変動対策という文脈において果たす役割や機能を読み取るまなざしを、まだ環境社会学(者)は持ちえていないということの裏返しなのではないだろうか。

世界規模で進行する気候変動をめぐる先進国と途上国の間の加害‐被害関係(強者‐弱者関係)の解明を通して、環境的不正義状態の解決のあり方を模索していくことが引き続き重要な作業であることは変わらない。だが、他方で、経済成長と環境の保護・保全を同時に達成するべく、産業界がどのような取り組みを実践しているのかも理解していく必要がある。

注

＊1　以下、自主行動計画の経緯や内容に関しては、杉山(二〇一三)を参考にして述べる。

＊2　一般企業のうち五八・三%が、セクターごとの法的な温室効果ガス削減が「有効である」もしくは「ある程度有効である」と回答している。

【コラム……5】

環境正義

野澤淳史

環境正義という言葉は、アメリカ社会において、環境的に負荷の高い施設やそれに伴うリスクが、人種や階層、収入など生活・生存条件の面で脆弱な、あるいは差別的な状況に置かれた人々が多く暮らす地域へ不均衡に偏っている状態を告発する運動で最初に用いられた。元来、アメリカでは自然保護が環境運動の主流であったが、以降、人種や貧困に由来する環境被害へも関心が集まるようになる。

また、国際的な、とくに南北問題を背景とした環境被害も環境正義という文脈で捉えられるようになる。たとえば、環境規制の格差によって、厳しい基準を設ける先進国からその整備が進んでいない発展途上国へと化学工場が移転・建設されたり、産業廃棄物が投棄されたりすることで、環境負荷やそれに伴うリスクが場所を変え存続する問題や、気候変動をめぐって人的・経済的被害のリスクが発展途上国に偏る傾向などが挙げられる。

日本では、環境正義といった言葉では語られなかったものの環境被害は差別の問題と結びつけて捉えられてきた。高度経済成長期、豊かさを実現していく中で深刻な公害被害が発生したが、その原点といわれる水俣病問題では、被害に先行して存在した中央に対する地方の軽視、市民に対する漁民の蔑視といった差別的状況が告発されてきた。公害問題研究をその起源に持ち、被害の問題把握に重点を置く日本の環境社会学は、環境正義を学問的前提の一つとしているともいえる。

第6章 気候変動問題はいかに原子力と連結されたのか

品田知美

1 「地球温暖化」か「気候変動」か

三・一一をきっかけとして原子力発電に対する疑念が拡がっている。気候変動という問題への関心が歩調を合わせて低下していったように、原子力と気候変動という問題は強く結びつけて語られることが多い。だが、なぜそのような認識となっているのだろうか。本章では、連結されるにいたった経緯を振り返り、メディアの言説と政策に関わる人々の認識において、二つの事象がどう結びついているのかを分析する。その上で、その連結にどれほどの必然性があったのかについて再考したい。

じつは、日本社会で気候変動という言葉はあまり使われてこなかった。「地球温暖化」という言葉の方がよく流通しているのは、なぜであろう。その理由はＩＰＣＣ（気候変動に関する政府間パネル）

の最初の主導権を当時の環境庁が握っていた証なのである。気候変動という言葉を使うと、気象庁主導になりかねないことを環境庁の官僚たちが避けようとしていたこともあり、Climate Change ではなく、もう一つの Global Warming の訳語の方を正式に官庁で用いることになった。筆者はＩＰＣＣが設立された一九八八年に、環境庁が調査研究を委託していたシンクタンクに所属しており、「地球温暖化問題に関する文献調査」の主担当であった研究員として、この事実を見聞きした。省庁間のなわばり争いというのは、直訳を避けるという方法をも当然の手法として取り入れるのか、と新鮮な驚きを感じるとともにやはり失望したことを記憶している。

結果として、日本では気候変動という問題がどのようなものか、人々に偏って伝わることになったのではないか。ここ数年、異常気象などが生じた時にはようやく温暖化との関連が報じられる機会が増えつつある。しかし、当初紹介されていた影響は、桜の開花が遅れるなど、「平均気温が上がる」といった予測のみに照準したものが中心であった。この内容ではやや牧歌的に受け取られかねず、「危険」を察知しにくかったと思う。

その後、温暖化に関するテレビの報道を用いて、学生たちの影響の受け止め方をグループインタビューにて調べる研究を行ったところ、やはり生じる影響の甚大さは知られていなかった（Shinada 2008）。確実な予測として提示された事象には、「海面が上昇して太平洋の島が危機にさらされる」など海外の内容が多かったため、日本にいる自分たちに降りかかる問題として認識できなかった面もあるだろう。異常気象の頻発は、最近でこそ報じられる機会が増えたものの、一九八〇年代までに蓄積されていた学術研究で予測されていた。にもかかわらず、異常気象の側面があまり取り上げられなかったのは、当初環境庁が主導権を取ることに成功していた帰結でもある。

また、環境庁も結果的には原子力との連結という禁断の果実に手をのばすことにより、問題の共有基盤を拡大していった。最初に白羽の矢が立てられた有識者が近藤次郎氏である。近藤氏は、皮肉にも、福島原発事故で存在を世に知らしめられた、ＳＰＥＥＤＩの開発に関わった工学系研究者の一人だ。国立公害研究所第三代所長で、当時は学術会議の会長の座についていた。学会の総力を結集しなければ立ち向かいようもない気候変動という問題を、一挙に世に広めようと画策していた環境庁としては最適な人材であった。ただ、やや原子力業界との関係が濃いことを、懸念する声もあった。このように練られた戦略のためもあって、環境庁の初期の目標は順調に達成されたといえる。公害研は環境研へと改組され、地球環境研究総合推進費など予算面も充実し、地球温暖化防止京都会議でも主導権を握り、省庁再編で環境省へと格上げされていった。もちろん、地球温暖化に対する市民意識が、早くから日本で高まったのは、このような関係者の尽力の賜物でもある。

しかし、このような環境庁の初期の戦略の成功は、結果的に気候変動という世界人類の持続的な存続を脅かすと予測された深刻な事象を、環境庁所管のグローバルな環境問題の一つにすぎない、という認識にとどめてしまうという、意図せざる結果をもたらしたのではないか。同時に、原子力というエネルギー源の利用を進めれば対処できる問題である、という誤ったメッセージを主張する主体の台頭を許す、隙をつくったともいえる。

2 原子力ルネッサンスと温暖化

原子力産業は一九七九年のスリーマイル島、一九八六年のチェルノブイリ事故を受け、一九八〇年代終わり頃は世間の風当たりも強く、退潮傾向が著しかった。そこに温暖化という問題が登場したことで、風向きが変わるきっかけができた。原子力はどのように気候変動と結びつけられつつ、復活を果たしていったのだろうか。

まず第一に、少なくとも二〇〇三年（平成一五）度から二〇一〇年（平成二二）度までの国家予算では、「地球温暖化関連予算」の中に、原子力関連の予算が正式に組み込まれていた。地方公共団体の予算とあわせて三兆円という巨額予算の中身が、十分精査されていたとは考えられない。ちなみに、二〇〇三年の「原子力の推進」は「地球温暖化関連予算」国家予算一兆三二二八億円のうち、二四％を占めていた。「原子力の推進」という分類表示がない二〇一〇年でも、項目で見るとおよそ一八％は原子力関連予算であった。電力中央研究所の朝野によると、三兆円あれば莫大な二酸化炭素削減ができるはずで、排出権取引の相場からみて、高めに見積もって総排出量の八割を削減できてしまうはずなのに、そうなっていないという。費用対効果が問われるべきだと指摘している（朝野・杉山二〇一〇）。

つぎに、原子力を推進する経済産業省および関連企業の複合体は、広告というメディア表現のかたちで、人々に地球温暖化とのつながりをアピールし続けていった。原発という視点から広告を集めて分析を行った本間（二〇一三）によれば、地球温暖化対策という側面を原子力の推進側が最大限に利用したのは、九〇年代後半から三・一一直前までの時期ということであった。収録された一九七四年からの四〇年間にわたる二五〇の原発広告記録によると、一九九七年の読売新聞に通商産業省資源エネルギー庁による初期の五段抜き広告がお目見えした。そこではゲゲゲの鬼太郎に、「地球の温暖化がこのまま進んでよいのか?」と語らせている。一九九七年といえば気候変動枠組条約第三回締約国会議（COP3）が日本で開催されて京都議定書の合意に成功するというように地球温暖化の話題が広く行き渡った年である。その恩恵を原子力を推進する側が存分に利用しはじめた時期はこのあたりのようだ。

さらに、二〇〇〇年代後半ともなると、元東京大学総長有馬朗人を会長とするNPO法人ネットジャーナリスト協会「地球を考える会」などに象徴されるように、学術界、経済界、マスメディア、政界、そして官僚の幅広い層が、「原子力ルネッサンス」という旗印のもとに結集した。「地球を考える会」の設立趣旨では「とくにCO_2削減の切り札として、世界的に関心の高い原子力発電は、石油など化石燃料の高騰時代を迎えて、地球温暖化防止にも効果あるものとして、世界的に〝原子力ルネッサンス〟の時代になりつつあります」と述べられている。まさに、東日本大震災直前の二〇一一年二月には、この会のメンバーを多く含む「原子力ルネッサンス懇談会」第一回会合が開催されたばかりであった。議事録はすでに削除されて見ることはできないものの、ユーチューブで公開されている録画によると、マスメディアからは読売新聞編集委員とフジテレビ日枝久会長が出席し、会長は、「地球を考える会」に参加して勉強し、「CO_2の問題から入って、同時に原子力について」考えるようになったと発言している。マスコミは真実を勉強し「原子力というものの理解とCO_2の削減」を国民に伝えることが大事であるという認識のもと、「シンポジウムを開催したり、特別番組を組んだり、ニュースでこの問題を取り上げたりしてきた」と明確に連結のきっかけについて発言している。

3 原子力発電反対派による懐疑論の逆説

いわゆる温暖化懐疑論について、詳細な論述は第七章にゆずるとして、ここでは懐疑派の論者たちが原子力との関連を強く意識しており、逆説的なかたちでその連結を強めていった事実に触れておきたい。

気候変動が実際に生じるかどうかについて、気候変動に関する政府間パネル（ＩＰＣＣ）はきわめて周到に、科学的な手続きをとったレポートをまとめてきた。したがって、そのプロセスや結論に異議を唱えるということは、現時点で主流派の科学者の大半を敵に回すという宣言でもある。ここでは、科学的結論への是非を問うつもりはないが、日本の多くの懐疑派といわれる論者が、同時に原子力産業との関連性について、強い疑念を表明したという特徴があることを指摘しておこう。

たとえば、懐疑論のベストセラーともいえる武田邦彦氏の『環境問題はなぜウソがまかり通るのか』（二〇〇七）では、温暖化問題の利権化について触れている。武田氏はもともと『リサイクル幻想』という著作でも政府主導の環境政策に疑問を呈していたように、政府内部の官僚と学者の力学に対して問題意識を持っていた。また、エントロピー学会の創始者の一人でもあり、八〇年代に脱石油文明を提唱して、環境問題に関心を持つ人々に強い影響を与えた槌田敦氏も、『CO_2温暖化説は間違っている』（二〇〇六）を出版している。そして、二〇一〇年には脱原発論で知られる広瀬隆氏が『二酸化炭素温暖化説の崩壊』を出したことにより、懐疑論と反原発の結びつきが決定的になった後に、三・一一が発生したのである。

二〇〇〇年代後半とは、第二節で述べたように地球温暖化政策と原子力賛成派の意向が噛み合い、まさに蜜月を迎えていた時期にあたる。原発広告から人々が受け取る印象も、「原子力ムラ」が「地球温暖化ムラ」（江澤 二〇一二）と限りなく重なり合って見えていたことは確かだろう。ムラから流される膨大な「クリーンな原子力」キャンペーンに対して、多くの人々が違和感を持ち始めていた。

先行していた情報の流れに対抗するという形式をとりながら、便乗することで、武田邦彦氏の懐疑本に五〇万部ともいわれるベストセラーが生まれた。このように、逆向きのベクトルを持った相似形の議論が隆盛となることで、気候変動と原子力を連結する言説がさらに編成されていったのだ。

だが、この言説の布置は、主流にもなりえたはずの言説を脇に追いやってこそ成立したのではないか。気候変動を問題化すると同時に、原子力にも反対姿勢を維持する、いわゆる市民派の環境グループがアクターとして登壇する領域は、結果的には狭まったからである。第一章で指摘されているとおり、日本の新聞上で「市民」は気候変動問題のアクターとして存在感が薄い。九二年にブラジルで開催された「地球サミット」などでは、環境庁と協調的なNGOなどからなる緩やかな市民連合体があった。だが、節電や省エネルギーなど身近なライフスタイルの話題が政府や電力会社から提供されていったことで、市民連合体の主張に独自性は見えにくくなりつつあった。潜在的に違和感を抱いていた人々は、反官僚を全面に出す論者に飛びつき、不幸な形で原子力と気候変動問題の結びつきは、強められていった。原子力に反対する市民勢力は分断されたことで、原発を推進する勢力から見れば漁夫の利を得る構図となったのである。分断は三・一一後も続いている。

4 日英の新聞紙面に表れた原子力発電

では、新聞の紙面の本体記事に、地球温暖化と結びつけられた原子力の記事は、どの程度登場しているのだろうか。報道フレームの分析（調査概要の第二段階）では、気候変動問題について議論されている点をコーディングした。ここではイギリスの新聞に登場した記事との比較をしながら見ていこう。

表6-1に示したのは、二〇〇七年から二〇〇九年に紙面で議論されていた論点の出現した相対的割合である。議論された項目自体は、社会によって異なることがあらかじめ見込まれていたため、同じ分類項目とはなっていない。けれども、原子力はイギリスでも議論となる項目であったようで、二か国ともに含まれていた。

比較すると、日本では原子力発電が五・二％で六番目であるのに対し、イギリスでは八番目で四・六％となっていた。日本の方がやや多めに出現しているとはいえ、それほど大きな違いはないといえる。

しかし、自然または再生可能エネルギー、二酸化炭素の吸収源や地下貯留など技術的な削減手段に関わる項目だけを意識して取り上げてみるならば、日本で原子力の割合は相対的に高くなる。当時の日本では、ほとんどの地球温暖化をめぐる議論がポスト京都議定書後の政策目標をめぐるものとなっていて、いかに具体的に二酸化炭素を減らすことができるのか、といった技術的な内容を含む議論が一般紙に登場する頻度が少なかった。

一方、イギリスの新聞で最も登場頻度が多かった議論は、科学的な妥当性である。第一章で比較さ

表 6-1　主要一般紙における温暖化議論

日本（%）	
ポスト京都	29.7
中期目標	11.4
排出量取引制度	8.6
自然エネルギー一般	7.9
バイオマスエネルギー	5.6
原子力発電	5.2
途上国支援	4.9
長期目標	4.8
排出権取得	4.7
企業の自主的取り組み	3.9
環境税制	3.4
直接規制	3.1
CO_2 吸収	2.7
中長期目標	1.7
CO_2 地下貯留	1.3
補助金政策	1.2
合計（n＝1934）	100.0

イギリス（%）	
Validity of Science Claims（科学的主張の妥当性）	17.3
Aviation（航空）	13.5
Fiscal Measure / Green Economy（財政措置 / グリーン経済）	13.1
Other（その他）	10.8
Shifting Seasons / Threats to Ecology（季節の遷移 / 生態系への脅威）	10.4
Energy Efficiency / Carbon Neutral Homes（エネルギー効率化 / カーボンニュートラル住宅）	7.3
Renewables（再生可能エネルギー）	5.0
Nuclear Power（原子力発電）	4.6
Carbon Capture and Storage（CO_2 回収・貯留）	4.2
Flood or Coastal Defences（洪水または沿岸の防御）	4.2
Road Transport（道路輸送）	3.8
Social Justice（社会的正義）	2.3
Geoengineering（地球工学）	1.9
Population Control（人口制御）	1.5
合計（n＝260）	100.0

れているように日本では、気候変動のメカニズムなどに関する記事が相対的に少なく、科学的議論が新聞というメディア上に表出しにくい。また、イギリスで二番目にあがってきているAviationとは、航空産業の二酸化炭素排出が多いという問題の議論である。航空機は移動距離あたりの二酸化炭素排出量が高くなることが知られているので、低炭素社会への移行を掲げているイギリスでは特に風当た

りが強い。実際、このイギリスの新聞記事の出現数をカウントしたCOMPONの研究者も、飛行機には乗らない主義であると話していた。

記事がカウントされた二〇〇七年八月には、ヒースロー空港で航空業界への疑問を直接表明するプロテスト活動（Camp for Climate action 2007）が行われていたことも、記事数を増加させたと思われる。このような形で市民は新聞に重要なアクターとして登場し、航空機産業の拡大の是非が議論されることで、人々は何が気候変動を誘発する重要因子であるのかを意識したはずだ。結果としてバカンスを航空機で使って遠方で過ごす政治家や富裕層は、環境派市民から厳しい視線を向けられるのである。低炭素社会を意識したライフスタイルを貫く人がヨーロッパで多いのは、このような議論が新聞に頻繁に登場するからでもあろう。

イギリスの新聞紙面には、他にもエネルギー効率や低炭素の住宅、路上輸送や社会正義など、ライフスタイルを支えるための制度や倫理に関する議論も多い。つまり、読者は直接に関与しにくい技術問題として気候変動の記事に触れるというよりも、責任を引き受ける直接の主体であることを想定された記事を日頃から読むことになる。原子力の是非も、その一環として議論されていく。それに対して、日本の新聞では、二酸化炭素の排出削減をするにあたり、自然エネルギーなのか原子力なのか、排出された二酸化炭素を吸収したり貯留したりするのか、といった技術問題に、議論の枠組みがあらかじめ制限されている傾向が見られる。記事の割合から見ると、自然エネルギーと原子力という、二つの技術的方策への収斂が目立つのである。

表 6－2　新聞社ごとの記事割合（%）

	朝日新聞	読売新聞	日経新聞	全体
環境税制	5.4	2.3	2.7	3.4
排出量取引制度	7.0	7.2	10.9	8.6
排出権取得	2.5	2.2	8.2	4.7
直接規制	4.8	1.3	3.0	3.1
補助金政策	0.8	2.0	0.9	1.2
企業の自主的取り組み	4.7	4.3	3.1	3.9
途上国支援	6.9	3.4	4.5	4.9
ポスト京都	29.8	34.3	26.4	29.7
長期目標	4.2	4.1	5.6	4.8
中期目標	9.4	13.3	11.7	11.4
中長期目標	2.7	1.4	1.0	1.7
原子力発電	4.0	6.6	5.0	5.2
バイオマスエネルギー	4.7	5.9	6.0	5.6
自然エネルギー一般	7.9	8.4	7.4	7.9
CO_2 吸収	4.2	2.5	1.7	2.7
CO_2 地下貯留	1.2	0.7	1.8	1.3
(n)	(598)	(557)	(779)	(1934)

注：カイ二乗検定0.01%水準で有意。

　ところで、新聞記事における技術的方策の登場頻度には、新聞社により差があるだろうか。表6・2に示したように、議論の取り上げ方には、新聞社の特徴が現れている。具体的な項目で見ると、原子力の記事は、読売で最も多くなっていた。同時に、読売は自然エネルギーの記事も多い。つまり自然エネルギーと原子力発電という二つの方策への収斂が最もはっきりしている。一方、朝日は途上国支援や二酸化炭素の吸収などの記事が多い。日経は二酸化炭素の地下貯留を取り上げている。技術的方策への指向の違いは、制度的方策の頻度の違いとも連動している。たとえば、朝日は直接規制や環境税制の議論が多く、日経は排出量取引および排出権取得に関する記事が多い。読売は補助金を取り上げる割合が高く、自然エネルギーや原子力という技術的方策と相性のよい制度とセットになっている。

それにしても、新聞記事の本文における記事割合から見る限り、原子力と気候変動の連結は、日本では特に強くはなかった。もし、仮にこの記事割合のみに従って、私たちの認識枠組みが作られたのだとするならば、原子力は必ずしも気候変動とセットで考える必要のないものであったはずだろう。やはり、記事数にはカウントされない広告という媒体が、解説記事と見まがうような座談会や特集といった形式で紛れ込んでいたことで、技術的削減方策としての原子力が、突出して認識に刷り込まれていったのではなかろうか。

5 温暖化政策に関わる人々の認識する原子力

では、日本の温暖化政策に関わる組織の部局で働く人々は、原子力を温暖化とどのように結びつけて考えているだろうか。調査概要の第四段階にあたる主要団体への質問紙調査の結果から分析してみよう。質問紙調査では、日本の温暖化政策として、「原子力発電の拡大」を含む、技術的または制度的な一六項目にわたる方策への有効性について、五段階で聞いている。「有効である」または「ある程度有効である」と答えた割合は、合計して四五・八％であった。「再生可能エネルギーへの補助金」が八一・九％であったのと比較するならば、原子力を温暖化対策と明確に結びつけて考える必要性を表明した回答者の割合はかなり低く、意見が割れる質問となった。しかも、この調査は福島第一原発事故後数年以内に行われていることを鑑みるなら、その時点でも原子力を有効であると確固たる意思を表明するという意味では、真性に気候変動と原子力を連結して認識している団体の担当者と見なしうる。この人々の意識の体系はどうなっているのだろうか、探索的に調べてみよう。

原子力を有効と考える人は温暖化をどう捉えているか

まず、原子力を有効と見なしている人は、温暖化をどう捉える傾向があるだろうか。主に二変数ごとの相関分析を表6-3に示した。原子力への有効性感覚と温暖化の認識に関連する変数と順位相関をとってみたところ多くの質問で関連が有意に見られた。解釈をまとめると、日本の対策はすでに十分であり、国内や世界には温暖化政策よりも緊急に対応すべき課題がある、という意見を持っているほど、原子力発電は有効であると考える傾向も高まる。それに対し、温暖化は深刻な問題であるという認識と、適切な対応により解決できる問題であるとは思わない方が、原子力発電を有効であると答えている。再生可能エネルギーの補助金が有効であるという感覚を持っている人は、温暖化は起こっていると考え、国内で緊急に対応すべき課題であると捉えている傾向が見られる。

また、原子力への有効性感覚は、別の形式の質問で「温暖化に関する科学は、政策の基礎とするには、まだ不確実なところが多い」という、科学への捉え方との間にも親和的な意識（弱い正相関）があっ

表 6-3　原子力／再生可能エネルギーへの有効性感覚と温暖化への認識の相関（57≦n≦64）

		原子力発電の拡大	再生可能エネルギーへの補助金
認識 1	温暖化は実際に起こっている	−0.162	0.357**
認識 2	温暖化は深刻な問題である	−0.276*	0.174
認識 3	現在の温暖化の主要因は人間の活動である	−0.248	0.180
認識 4	温暖化は適切な対応をとることで、解決できる問題である	−0.386**	0.213
認識 5	日本の温暖化対策は十分である	0.435**	−0.106
認識 6	日本国内で考えた場合、温暖化対策よりも緊急に対応すべき政策課題がある	0.432**	−0.327*
認識 7	世界全体で考えた場合、温暖化政策よりも緊急に対応すべき政策課題がある	0.470**	−0.244

注：**1%水準で有意、*5%水準で有意

たことも追記しておきたい。まだ政策として講じるには不確実なところが多い、という意見にある程度まで同意している人は、全体でも三四・七%と存在感があるものの、IPCCの報告書について、科学的に懐疑をさしはさむ意見は第七章の表7-2のとおり、ほとんど見られない。不確実であるなら、従来から既成事実が積み重ねられてきた原子力政策をわざわざ変更する必要はないということだろうか。

つまり、原子力を有効と見なしている人の認識体系をつなげてまとめるとこうなる。「日本はこれまで（省エネルギーなど）の努力により十分な対策をとっているので、原発を中心として温暖化対策を行うエネルギー計画を大幅に変えてまで、まだ科学的に不確実である温暖化に政策的に対処する必要はないし、国内外にはもっと重要な課題

が数多くある。それに、温暖化は日本だけがあがいても、解決できるような問題ではない」。温暖化対策についてかなり慎重な考え方で、積極的な対策には後ろ向きの人が、原子力を有効と見なしているということが明らかとなった。

ところで、原子力を有効と見なす担当者の所属する組織の活動分野を見ると、温暖化対策に関連したサービス提供をしているところが多い。具体的には、省庁、マスメディア、シンクタンクなど、世論に直接影響を与える知識を先導的に集約する仕事を行っている組織である。いわゆる一般企業や研究機関などは、有効という傾向でまとまっているとはいえない。温暖化対策の効果的推進を妨げているものは何か、という問いに対して「政治的なリーダーシップのなさ」、「弱い法的規制がある」という意識それぞれと、負の相関が見られたのは結果的に必然性がある。自らが政策を先導している当事者なのだから。そして、同時に彼らは産業界や労働者の抵抗も効果的推進を妨げていると考えず、官民一体で、うまくいっているという意見を持っている。このように、日本のエスタブリッシュメントともいえる人々こそが原発を有効と見なし、急速な変化を求めず現状を維持したいと考えているようだ。

推進すべき技術的方策としての原子力の位置

それにしても、三・一一後の逆風の中で、原子力の拡大をどの程度政策的に進めるべきだと人々は考えているのか。気候変動対策として、推進すべき政策手段の優先順位を具体的に三つまであげてもらった質問による回答とつけあわせて分析してみよう。

表6-4には、優先順位一番目という回答に一点、二番目に二点、三番目に三点を与え、平均値と標準偏差を計算した結果を示した。ここで、優先的に推進すべき国内政策としての原子力は五番目にランクされていた。技術的な方策のみで比較するならば、再生可能エネルギーに次いで二番目となっている。それに対し、エコドライブやモーダル・シフトなどの運輸系の対策は、優先順位としては下位となっている。この原子力発電の位置取りは、表6-1で六番目だった新聞紙面での登場頻度と、再生可能エネルギーよりやや優先順位が低いところも含め、大変似通った位置にある。つまり、政策形成に関わる人々の意識と新聞紙面は同じ傾向を見せてくれるのだ。そして、原子力と再生可能エネルギーという二つの技術的方策への収斂はここでも健在であった。ただし、新聞紙面が福島第一原発事故前であるのに対し、調査は事故後である。事故後の紙面

表6-4　優先的に推進すべき国内政策（n=72）

	平均値	標準偏差
セクターごとの自主的削減	0.68	1.21
再生可能エネルギー補助金	0.58	1.00
セクターごとの法的規制による削減	0.57	1.11
個々の企業による自主的削減	0.50	0.96
原子力発電の拡大	0.46	0.96
温暖化対策税（炭素税）	0.39	0.94
環境教育推進	0.33	0.77
国内排出量取引制度	0.29	0.81
個人の努力	0.22	0.66
バイオマスエネルギー拡大	0.21	0.60
その他の政策	0.21	0.65
植林と森林荒廃防止	0.18	0.54
CCS利用の拡大	0.14	0.51
都道府県による削減政策	0.10	0.48
エコドライブ	0.08	0.40
モーダル・シフト	0.04	0.20
カーボン・オフセット	0.03	0.17

はよく知られているとおり、温暖化と結びつけて語られることがほとんどないはずなのに、政策に関わる人々の意識は三・一一以前の紙面と非常によく連動し変化を感じさせない。

しかし、技術以外の制度的な方策のメニューとなると、新聞紙面上の登場頻度とはかなり傾向が違っているようだ。たとえば、セクターごとあるいは個別企業による自主的削減は、政策に関わる人々の意識からみると優先すべき政策であるが、紙面上では九番目にすぎず、あまり目立たない位置にある。上位五番目までに並んだ優先すべき施策とは、「これまでのやりかたをあまり大きく変えたくない」というものである、といったら言い過ぎであろうか。セクターごとに削減する、という考え方は、業界という枠組みで物事を決めていきたいという思考と相性がよい。日本の企業風土で抜け駆けは好まれない。優先順位から見られる意識とは、個別企業の関係性やセクター間の力学にも影響してしまうような構造変革は躊躇するという保守的なものだろう。そのような思考のもとで原子力は便利な技術方策となっている。原発事故をきっかけとして、社会を大きく変革させていこうという意識の萌芽はここから全く読み取れない。

科学的情報源としてメディアはどう使われているか

このように、温暖化政策としての原子力が有効であるかどうかという認識は、新聞紙面上に表れた言説の布置と、質問紙調査で捉えられた政策形成に関わる人々の認識が、かなり似通った体系となっ

表 6－5 「国内政策への有効感覚」と「主要なマスメディアを科学的情報源とするか」との関連性（スピアマンの順位相関）

	国内政策への有効性感覚：原子力発電の拡大（n＝46）	国内政策への有効性感覚：再生可能エネルギー補助金（n＝48）
読売新聞	－.394＊＊	－.175
朝日新聞	－.434＊＊	－.098
毎日新聞	－.394＊＊	－.175
日経新聞	－.410＊＊	－.085
日刊工業新聞	－.309＊	－.009
日経産業新聞	－.299＊	－.044
NHK テレビ	－.357＊	－.091
民放キー局テレビ	－.394＊＊	－.033

＊＊p ＜ 0.01　＊p ＜ 0.05

て表れているようだ。このリンクのしくみをさらに調べるために、質問紙調査では、どのようなメディアから情報を得ているのか、という点について詳細な項目を使うことができる。情報の摂取のしかたと回答者の意識がどう関連しているのかを見ておこう。

メディアに関する質問では、新聞、テレビ、業界紙、インターネット、その他の五つのカテゴリーに分け、よく読まれている新聞や、視聴されている放送局などをチェックしてもらっている。ここでは、目的に照らして「貴組織は、温暖化に関する科学的情報をどの情報源から得ていますか」という質問に対する回答と、「原子力発電の拡大」が有効であるとする回答に関連があるかどうかを相関分析した。

その結果、「原子力発電の拡大が有効である」という意識と「主要なマスメディアを科学的情報源とする」態度が、有意に関連していた（表6‐5参照）。つまり、原子力の拡大が有効であると答える組織では、主要な一般紙（読売、朝日、毎日、日経）および日経産業新聞と日刊工業新聞、テレビでは、NHKおよび民放キー局から、科学的情報を取得していると回答する傾向があるのだ。この質問では、科学的情報源を新聞、テレビ、業界紙、インターネットの四つのメディアからなる二七種類に分け、情報を得ている場合にチェックをしてもらう形式で問うている。したがって、チェックがないのは無回答である可能性も否定できない。

一方、再生可能エネルギーについては、主要なメディアを科学的情報源とするかどうか、との関連性が、どのマスメディアカテゴリーについても、有意とはならなかった。このような違いが生じた主な理由は、再生可能エネルギーを有効と考える組織の科学的情報源が、相対的に散らばっているからと考えられる。

もちろんメディアに関する質問については、質問項目がかなり煩雑であったことから回答率が低く、欠損値が多いため、解釈には慎重を要する。多忙な調査対象者たちが、どこまでメディアの種類に対して、正確な回答を寄せてくれたかどうかは分からない。それでも、情報源として扱うメディアには、海外の新聞やテレビを選択した回答も散見されており、メディアの組み合わせ方の差異は明らかだ。

たとえば、科学的情報源として、海外新聞にチェックを入れた組織は、同時に一般紙を選んでいることも多いが、特徴的なケースとして、BBCやCNNなどの海外テレビとの組み合わせが見られる。

日本の一般新聞を情報源にあげる場合はＮＨＫおよび民放キー局など日本のテレビが選ばれる。インターネットの個人ウェブ、ＳＮＳ、動画サイトなどを情報源とする組織は同時に海外の新聞やテレビを選ぶのに、国内の新聞やテレビは選ばない。統計的にまで捉えきれないが、情報源とするメディアには、「国内主要メディア」と「インターネットと海外メディア」という、二つの傾向があるようだ。三・一一を境に日本のマスメディアの信頼がゆらいでいるという指摘も多い中、国内の主要メディアに主な科学的信頼を寄せている組織で、原子力を有効であると考える傾向が見られるという事実を、どのように解釈すべきであるか、今後研究する余地がある。

6 連結にとらわれない議論の可能性を探る

原子力と気候変動という問題を結びつけることを当然視する論調が長らく続いてきた。連結することの自明性を、懐疑論者たちが皮肉な形で強める役割さえ果たしてもいる。けれども、その認識の枠組みは、英国とのマスメディア比較からも気づかされるように、さほど自明なものとはいえないはずだ。原子力と気候変動政策との連結を解き、切り離して考える議論を始めることが、いま必要である。その理由について以下に述べておきたい。

第一に、原子力発電による削減では、二酸化炭素の排出を減らすにあたり限界がはっきりしているからだ。原子力によるエネルギー源は「電力」という形でしか、人々のもとに直接とどけられない。「電力」という形をとったエネルギーとは、日本全体で使用されている最終エネルギー消費のうち二一％にとどまる。「原子力は日本の電力の三割を担っている」という推進広告の常套句を、そのまま利用して素直にかけ算したとしても、日本で使用している全エネルギーの六％にすぎない（原子力が最も利用されていた二〇〇〇年代後半時点）。震災事故後に原子力発電がすべて止まっていても、さほど社会に混乱がなく済んだのは、もともと私たちが原子力にさほど頼っていなかったからなのだ。

需要にあわせて出力を調整できない原子力は、ベースロード電源にしかなりえないため、余った分を揚水発電として水力発電所を電池代わりにすることで、電力の原子力割合を上げてきた。オール電化住宅の推進とは、余っている夜間電力を使い、給湯器によって貯められない電気をお湯として貯留し、日中に使ってもらうという、原子力推進とセットの仕組みであった。つまり家庭に私費で小さいダムを作ってもらう戦略なのである。日中の電力ピークを原子力で置き換えることは、難しい。

イギリスの紙面で航空産業や輸送などの問題が議論の遡上にのぼっていたことは、最終エネルギー消費から考えると的を射ている。モーダル・シフトや住宅の低炭素化などの温暖化対策メニューは、ヨーロッパで都市の再生といった政策とともに具現化しつつある。日本でも、運輸部門の最終エネルギー消費は二四％を占め電力よりも多い。そのほとんどを化石燃料に頼っているため二酸化炭素を大量に排出しているのに、新聞紙面で議論されることは少なく、運輸部門は国内政策で優先されずに下位に沈んでいる。あるいは自動車産業を経済の柱に掲げ続けている政府は、積極的にモーダル・シフトを掲げることは避けたいのではないか。政府はアイドリングストップの奨励や自動車の燃費上昇、ハイブリッド車を推奨する程度にあえて留めている。これでは、マスメディアは、政府の議題設定の枠からはみ出さず、自動車と原子力産業という二大広告主に遠慮していたのではないか、と邪推されても仕方がない。

第二に、原子力と気候変動という二つの問題を連結させる議論は、どちらの問題に対しても、社会におけるリスク認知を低下させる役割を果たしてしまうからである。

ベックが繰り返し述べているとおり、社会の「リスクを構成しているのは、文化的な知覚と定義づけである」(Beck 1999=2014)。新聞やテレビなどが、近年言説の構成要素としての地位を低下させていても、意思決定者の認識との結びつきは依然として強力であり続けている。長らく公的にも使われていたPA(パブリックアクセプタンス)という言葉は、原発の拡大に対して、いかに人々に受け入れてもらうかという立場からの広報として用いられてきた言葉だ。残念ながら、懐疑論者も例外とはならず「より正しい専門家に判断をお任せ」するよう市民にアナウンスし続けるという立場から発言を続けているという点で、態度として代わり映えはしない。

このように社会のリスク認知とは科学的なリスク評価とは根本的に異なるものだ、という、社会学で浸透しつつある学術的な知見を、工学や経済学を主なバックボーンとするテクノクラートたちは未だ想定していない。彼らが「リスクコミュニケーション」と言うとき、市民と立場が対等であると考えていないことは次の例からも明らかだ。「原子力ルネッサンス懇談会」が名称を変えて存続した団体である「エネルギー・原子力政策懇談会」は、二〇一三年二月に安倍首相に手渡した緊急提言「責任ある原子力政策の再構築――原子力から逃げず、正面から向き合う」において、リスクコミュニケーションの重要性に触れながら、「正しい科学知識を提供する体制を構築することが喫緊の課題」と強調している。

原子力と気候変動にかかわらず科学的な問題に関して、市民と専門家が対等に議論することを許容する素養は、むしろこの分野の専門家の側にこそないのだ。「社会学者は温暖化問題に参入してこない」と工学者に嘆かれたことがあるが、理由をうまく説明しきれなかった経験がある。マスメディアにはこのような学術分野間の認知のズレを埋めていく役割を、もっと積極的に担ってもらいたい。

福島第一原発の事故に見るように、原子力発電とは事故のリスクが甚大である上、世代を超えた放射性廃棄物の問題など、科学的なリスク評価の計算を行うとしても、前提となる条件について議論が大きく分かれる技術領域である。また、同様に気候変動という問題は科学的な予測に不確実性を抱えざるをえないうえ、引き起こされた場合の社会に与える影響は、恐ろしく甚大で計算が困難である。つまりどちらも専門家のみでリスク評価を決めることが困難な典型事象なのである。そうなると、今回の調査で見たように主に政策形成に関わる人々が「とりあえず原子力発電にすれば温暖化対策になる」という認識に留まっているという結果からは、ベックの用語でいえば日本社会の「文化的な知覚」が低い状態であると解釈せざるをえない。

科学的なリスク評価の議論をふまえつつ、温暖化対策として原子力発電という手法を日本社会が選ぶことが適切であるのかどうかについて真剣に見極めるための社会的な議論は、まだ主要マスメディアで十分に尽くされていない。科学技術を社会の中に埋め込みながら、より水準の高い知覚と定義づけがもたらされるような言説空間と政策ネットワークを、どのように創り出すことができるのか。いま日本社会で切実に問われている。

謝辞

イギリスの新聞データについては、COMPONチームメンバーである作成者のクレア・サンダーズ（Clare Saunders）氏の許可を得て使用しています。ここに謝意を表します。

【コラム……………………6】

リスク社会論は「リスク科学」とどう違うか

品田知美

世界は自然と文化の二元性を失っており、私たち人間が自らの手で作り出したハイブリッドなリスクに満ちた世界を生きている。これがリスク社会であるとU・ベックは考えている（ベック二〇一四）。リスク社会論は哲学上の認識論をふまえて語られているため、人文・社会系の素養のない人には分かりにくい。そこで、このコラムでは中西準子氏が積極的に論じている「リスク科学」との違いから、解説してみよう。

まず、リスク社会論が想定している社会的現実とは多元的なものである。たとえば、唯物論的な現実と社会構築主義的な現実はすれ違って議論が噛み合わないといわれることもある。一方、中西氏にとって現実とはデータに還元できる事実（ファクト）のみである（中西二〇〇四）。結果的に「損失余命」といった指標への一元化がめざされる。つまり、「リスク科学」では客観的な事実が人間と離れて独立に存在しえると見なすので、ベックが社会科学では失われたと論じている二元論の立場が堅持されている。リスク社会論は市民やメディアの不安に基づいた予防作用を、文化的な知覚として同等に扱い、「リスク科学」に基づいた工学的な知覚よりも劣位に置くことはしない。「新しい、評価に関する概念を持った社会科学や政治的な社会科学」（ベック二〇一四）が、価値の認識をめぐる議論を含みながらリスク社会論でなされていることを、「リスク科学」にのみ根拠を置いて議論をする人々に、もっと理解してもらいたい。

参考文献

ベック、U　二〇一四『世界リスク社会』山本啓訳、法政大学出版局。

中西準子　二〇〇四『環境リスク学』日本評論社。

第7章 温暖化懐疑論はどのように語られてきたのか

藤原文哉・喜多川進

1 はじめに

各所で報じられているように、二〇一三年九月二七日に発表されたＩＰＣＣ（気候変動に関する政府間パネル）第五次評価報告書第一作業部会による最新報告書は、「気候システムの温暖化については疑う余地がない」とし、また「人間活動が二〇世紀半ば以降に観測された温暖化の主な要因であった可能性」について、第四次報告書（二〇〇七年）での「非常に高い（九〇％以上）」から「極めて高い（九五％以上）」へと表現をあらため、さらに一歩踏み込んだ見解を提示した（IPCC 2013）。しかしながら、ここ数年、こうした議論の進展と逆行する言説が、日本のテレビ、ラジオ、書籍、雑誌、インターネットといったさまざまなメディアにおいて広がりを見せているように思われる。たとえば、

「朝まで生テレビ『激論！ド～する?!地球温暖化』」（テレビ朝日系列、二〇〇九年八月二八日放映）や「博士の異常な鼎談『地球温暖化問題の真実』」（TOKYO MX、テレビ神奈川、二〇一〇年一月二八日、二月四日放映）などのテレビ番組はその代表例といえる。また、インターネット上には、気候変動問題に懐疑的な見解を示す個人運営のウェブサイトやユーチューブなどの動画サイトにアップロードされた国内外の関連映像が存在している。その内容は多岐にわたり、そもそも気候変動問題そのものが存在しない、気候変動自体は起こっているが人間活動が原因ではない、人間活動が原因であったとしても対策を行う必要性は小さい、気候科学者あるいはIPCCが提供する情報は科学として信頼に値しない、気候変動問題は原子力発電の推進のために作り上げられた虚構であるなど、さまざまな角度から気候変動問題に対する「懐疑」が表明されている。

こうした議論は、国内の気候科学者などにより「温暖化懐疑論」と呼ばれ、既存文献において次のように問題視されている。気候変動問題のリスクコミュニケーションについて論じた江守（二〇一一）では、その一部において短いながらも温暖化懐疑論に関する論考が行われており、「一般に、ある科学的な認識に対して、それが間違っている可能性を科学的に議論することは、問題がないどころか、むしろ科学の進歩のために必要不可欠な行為である」が、「その議論が明らかな誤解や曲解に基づいており、温暖化の科学を不当に貶めるものである場合、それをここでは『懐疑論』と呼ぶことにし、これを問題視する」こと、そして温暖化懐疑論が「市民の世論形成や対策行動の動機づけに少なからず影響を与えていると見られる」（一七頁）と述べている。また、温暖化懐疑論の論点を詳細に整理し、それぞれに対する批判を行った明日香ほか（二〇〇九）では、「物事に対して懐疑的であることは科学の基本であり、常に必要なこと」であって、ＩＰＣＣ報告書などに異を唱えることに対して「すべて『懐疑論』のレッテルを貼ろうとするわけではない」が、「これまでの科学の蓄積を無視」し、「しばしば独断的な結論に読者を導く」議論が「温暖化のリスクが増大している状況下で」「社会に広まることを科学者として看過できない」（iv―v頁）としている。このように、温暖化懐疑論は科学的な誤解、あるいは曲解を含む議論として位置づけられ、それが社会的に広まることを懸念する自然科学者を中心に、論点の分析、あるいは反論がこれまでに試みられている。

また、温暖化懐疑論の広がりは日本に限定された現象ではない。アメリカ合衆国における温暖化懐疑論は、気候変動問題やそれに付随する規制的な政策に反対するステークホルダーにより、強力な「組織性」と「政治性」のもとで流布されていることが指摘されている。そして、そうした懐疑論が市民の気候変動問題に関する認識に変化をもたらし、保守系シンクタンクなどの政治的なアクターを通じて政策形成に影響を及ぼしていることが問題視されている（Oreskes & Conway 2010=2011, Dunlap & McCright 2011）。

上記のような議論からは、ＩＰＣＣを中心に発信される認識と逆行し、また気候科学者などから問題含みの議論とされ、市民の対策行動や政策形成の推進を停滞させる可能性が指摘される「温暖化懐疑論」が、さまざまなメディアにおいて語られているという日本の現状が想定される。この想定はいくつかの問いを生じさせる。すなわち、温暖化懐疑論は日本社会にどの程度広まっていると考えられるのか、どのような人々により提唱され、どのように受け止められているのか、また、気候変動政策などに影響を及ぼす可能性があるのかといった問いである。これまで、温暖化懐疑論に対する気候科学者らによる反論、懸念の表明などは行われてきたものの、日本社会における温暖化懐疑論の位置づけに関するこうした問いは、十分に検討されてこなかった。本章はそのような問題意識のもと、温暖化懐疑論が登場するさまざまなメディアの中で「書籍」に焦点を絞り、気候変動問題に関する新聞記事のあり方、気候変動政策の形成に関わる主要団体への質問紙調査、アメリカ合衆国の温暖化懐疑論との比較を通して、日本の温暖化懐疑論の特性を分析するものである。

以下では、第一に、温暖化懐疑論を支持する日本語書籍の出版点数を調査し、その年次変化のデータを示すことで、温暖化懐疑論の広まり方を検証する。第二に、COMPONプロジェクト日本チームによる新聞記事のコーディングと、主要団体への質問紙調査のデータから、日本社会における温暖化懐疑論の位置づけ、受け止められ方に関する分析を行う。第三に、アメリカ合衆国における温暖化懐疑論に関する先行研究の概略を整理した上で、日本の事例と比較し、どのような人々により温暖化懐疑論が提唱されているのかについて検討を行う。最後に、以上の三点を総合した分析を行い、日本における温暖化懐疑論の特性について議論する。

2　温暖化懐疑論を支持する書籍の出版点数

本節では、日本においてこれまでに出版された、温暖化懐疑論を支持する書籍の出版点数に関する調査結果を提示する。

「温暖化懐疑論」とはどのような議論を指すのか

まず、どのような議論が「温暖化懐疑論」と位置づけられるのか、既存文献を参考に整理し、研究対象を明確化する。本章が重要な既存文献として参照するのは、明日香ほか（二〇〇九）である。そこでは、「現在起きている温暖化の要因を、産業革命以降の人為的な二酸化炭素の排出を主な要因とする考え方や温暖化対策の重要性などに対して、懐疑的あるいは否定的な言説」（iv頁）が展開されている、四〇点ほどの書籍や論文を主な対象として、その論点の整理と反論が行われている。論点は大きく五つに整理され、「温暖化問題における『合意』」「温暖化問題に関するマスコミ報道」「温暖化問題の科学的基礎」「温暖化対策の優先順位」「京都議定書の評価」が挙げられている。第一の「温暖化問題における『合意』」は、気候変動問題には世界的に数多くの懐疑論が存在し、科学者間に合意はないとする議論を取り扱うものである。第二の「温暖化問題に関するマスコミ報道」は、マスコミは少数意見も尊重したバランスのとれた報道を行うべきであり、気候変動問題に関する異論の存在を無視するべきではないとする議論である。第三の「温暖化問題の科学的基礎」は、観測データの不備の指摘や、気候変動の原因は温室効果ガスの増加ではなくその他の要因である、二酸化炭素濃度の上昇は人間活動によるものではない、二酸化炭素濃度が上昇しても気候システムに与える影響は小さい、二酸化炭素温暖化説は地球の大気構造・光学特性を考慮していない、気候変動による海面上昇は起こらないといった議論を含むものである。第四の「温暖化対策の優先順位」は、世界には気候変動以外にも多くの問題が存在し、それらと比較して気候変動対策に大きなリソースを割くべきではないなどの議論を指している。第五の「京都議定書の評価」は、京都議定書は省エネの進んだ日本にとってアンフェアな負担を強いるものである、京都議定書の遵守は気候変動問題の解決につながらないといった議論を取り扱っている。このように、明日香ほか（二〇〇九）では、気候変動科学に関する異論だけではなく、それに関連するマスコミ報道や、優先順位、京都議定書といった対策行動に関する議論も含め、広い範囲を「温暖化懐疑論」としてカテゴライズしている。

本章では、こうした広い範囲のカテゴライズを参考にし、「気候変動問題に関する科学的研究、それに基づきＩＰＣＣを中心にリリースされる情報やメディア報道、またそこから引き出される対策行動について、それらの科学的な信頼性や有効性を独自の見解をもって否定する議論」として温暖化懐疑論を位置づける。このような温暖化懐疑論は日本のさまざまなメディアで語られているが、以下では特に書籍に注目する。書籍はその出版からテレビ・ラジオ番組への出演、雑誌記事・インターネットでの引用などへ波及するというように、議論の広まりの起点として重要な機能を持つことが想定されるためである。

調査の手順

調査の手順は、以下のとおりである。はじめに、明日香ほか（二〇〇九）の文献リストをベースに、二〇一四年までのすべての期間に出版された書籍を対象として、国立国会図書館サーチでの著者名検索、「温暖化」「気候変動」のキーワード検索による追加調査を行い、仮リストを作成した。次に、書籍を実際に読み、温暖化懐疑論と見なすことができる内容かどうかを判断し、最終的なリストを作成した（藤原・喜多川 二〇一五）。この最終的なリストは、明日香ほか（二〇〇九）の議論や文献リストを参照した上で、「どのような議論が温暖化懐疑論なのか」ということを学習しながら書籍の内容を判断していくというプロセスの中で作り上げられていった。したがって、筆者らが前提として用いる「温暖化懐疑論」というフレーミングそのものが特定の既存研究の強い影響下にあり、一定のバイアスが想定されること、さらに非専門家としての判断のあいまいさがそこに付随していることを付言しておきたい。

日本の温暖化懐疑論を支持する書籍には、気候変動問題単体を主題とするものだけではなく、複数の論点の中の一つに温暖化懐疑論を含む形式のものが数多く見られた。たとえば、環境問題やエネルギー問題全般、あるいは原発問題に関する議論の中で、気候変動問題に関する言及を部分的に含むものがそれに当たり、温暖化懐疑論部分の分量は数十頁から数行程度まで幅広い。こうしたことを踏まえ、本章では、前項で位置づけたとおり、「気候変動問題に関する科学的研究、それに基づきIPCCを中心にリリースされる情報やメディア報道、またそこから引き出される対策行動について、それらの科学的な信頼性や有効性を独自の見解をもって否定する議論」をリストに含めることとし、また以下のaおよびbの簡単な基準により書籍の形式を整理した。なお、改訂版や増補版が出版されているものについては、原則として最初に出版されたもののみをカウントし、文学作品はカウントから除外した。

a、温暖化懐疑論を主題とする書籍
b、温暖化懐疑論を主題とはしていないが、内容の一部に温暖化懐疑論を含む書籍
b1、温暖化懐疑論についての独立した章・節が設けられている書籍
b2、温暖化懐疑論についての独立した章・節が設けられてはいないが、内容の一部に温暖化懐疑論を含む書籍

本章では、前記のプロセスで作成した最終リストから、年ごとの出版点数とその年次変化、著者および出版社の情報をデータとして用いる。なお、定義に該当する書籍をカウントし、年ごとの出版点

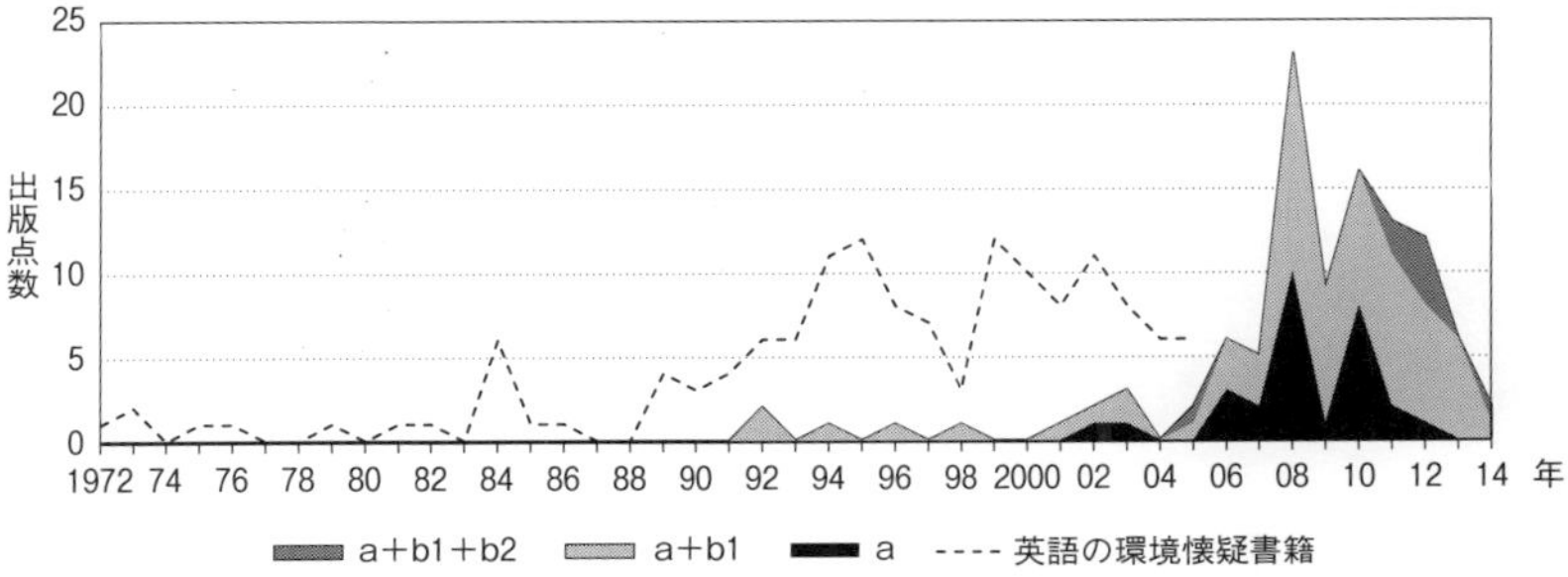

図 7－1　温暖化懐疑書籍の出版点数の年次変化

注：点線で示した「英語の環境懐疑書籍数」は Jacques et al.（2008）の調査データに基づく。

数およびその年次変化、著者および出版社の情報をデータとして得るという本章の手法は、第四節において概説するハッカスほか（Jacques et al. 2008）を参考にしたものである。

調査の結果

前記の作業から、一九九二年から二〇一四年までの期間に、全体で一〇五冊（うち翻訳一一冊）の書籍が出版されているという結果を得た。また、図7-1に示すとおり、その年次変化を見ると、二〇〇〇年代半ばまでは温暖化懐疑論の立場をとる書籍の出版数は少ないが、二〇〇〇年代後半からは二〇〇八年をピークとしてコンスタントに出版されていることが分かった。

グラフ中に参考値として、ハッカスほか（Jacques et al. 2008）で示された、英語で出版された「環境」懐疑論を支持する書籍の出版点数を点線で示した。本章第四節であらためて述べるとおり、ここでの環境懐疑論とは、地球温暖化に限らず環境問題の深刻さを否定するものである。

気候変動問題を含む、環境問題全般に関する書籍の出版点数であること、二〇〇五年までのデータであること、日本と英語圏の出版事情の違いなど、いくつかの比較上の限界に留意する必要はあるが、日本の事例が気候変動問題のみに限定した数値であることを踏まえると、二〇〇〇年代後半以降における日本の出版点数の伸びは特筆すべきものである。

出版部数に関するデータ

補足的な情報として、出版部数に関するデータを断片的ながらも付け加えておきたい。『出版月報』(二〇〇七年一二月号)では、二〇〇七年の出版動向として、環境問題(地球温暖化現象)がクローズアップされた年であったという総括がなされている。アル・ゴア『不都合な真実』が二一万五千部の売上を記録し、温暖化懐疑論を支持する内容を含む書籍としては、武田邦彦『環境問題はなぜウソがまかり通るのか』が二四万六千部、その続編である『環境問題はなぜウソがまかり通るのか二』が一〇万五千部、また矢沢潔『地球温暖化は本当か?』が好調な売れ行きを見せたという(全国出版協会出版科学研究所編 二〇〇七b:八)。

日本の温暖化懐疑書籍の特性

書籍のカウント作業から得られた出版点数の年次変化に関するデータより、以下のような日本の温暖化懐疑書籍の特性が明らかになる。出版点数は二〇〇〇年代後半以降に大きく伸びており、二〇〇六年以降の出版点数は合計九二冊と、全体の八八%を占めている。二〇〇七年には『出版月報』において特筆されるほどの注目を集め、数十万部のスケールで流通していることとあわせて、日本における温暖化懐疑論がここ数年で一定の広まりを見せたことが分かる。また、二〇一四年にはやや出版点数を落としているものの、二〇〇〇年代後半以降はコンスタントな出版点数を維持していることから、書籍というメディアにおいて、ここ数年、温暖化懐疑論が持続的に語られ続けているテーマであることが分かる。

3 新聞記事、質問紙調査による比較

本節では、新聞記事のコーディングと、気候変動政策の形成に関わる主要団体への質問紙調査により得られたデータを提示し、温暖化懐疑書籍の出版状況との比較を行う。なお、新聞記事のコーディングは作業手引き（COMPON Protocol）における「第三段階　言説ネットワーク」に、質問紙調査は「第四段階および第五段階　政策形成に関わる主要団体への質問紙調査と聞取調査」に該当するものであり、それぞれの概要については本書の「調査概要」を参照していただきたい。

新聞記事のコーディング

最終的な記事データベースの内容を分析して得られた知見のうち、本章に関連する重要な点は、温暖化懐疑論が新聞紙上にほとんど現れていないということである。日本の新聞には気候変動問題の科学に関する記事は数少なく、温暖化懐疑論が主要な論点の一つとする「気候変動問題の存在そのものへの疑問」が、新聞紙上で論争を引き起こしてはいない。また、気候変動政策の内容に関する議論は活発になされているものの、対策行動の必要性、重要性そのものに疑問を呈する記事はほとんど見られない。温暖化懐疑論を取り扱った数少ない例外として、朝日新聞において二〇〇九年六〜七月に全五回で連載された「温暖化バトル　懐疑論は本当か」がある。しかし、この一連の記事は、温暖化懐疑論のいくつかの論点に対応させるかたちで気候変動科学の知見やＩＰＣＣの立場を解説するものと読み取るのが妥当な内容であり、温暖化懐疑論を支持するものとはいえない。このように、日本の新聞報道のあり方は非常に均質性が高く、二〇〇〇年代後半以降の温暖化懐疑書籍の増加は、記事内容に影響を与えてはいないと考えられる。

質問紙調査

次に、日本の気候変動政策の形成に関わる主要団体への質問紙調査から得られたデータを提示する。この質問紙調査において、温暖化懐疑論との関連が深い調査項目は「温暖化に関する認知と関心」

表 7－1　主要団体の温暖化に関する認識（%）

	そう思う	ある程度そう思う	どちらとも言えない	あまりそう思わない	そう思わない	回答なし	合計
認識1　温暖化は実際に起こっている	61.1(44)	29.2(21)	4.2 (3)	0.0 (0)	0.0 (0)	5.5 (4)	100.0 (72)
認識2　温暖化は深刻な問題である	72.2(52)	18.0(13)	5.6 (4)	0.0 (0)	0.0 (0)	4.2 (3)	100.0 (72)
認識3　現在の温暖化の主要因は人間の活動である	50.0(36)	36.1(26)	8.3 (6)	0.0 (0)	0.0 (0)	5.6 (4)	100.0 (72)

注：(　) 内は実数。

表 7－2　主要団体の温暖化科学に関する認識（%）

	そう思う	ある程度そう思う	どちらとも言えない	あまりそう思わない	そう思わない	回答なし	合計
科学1　IPCC 報告書は温暖化に関する科学の現在の状況を適切に提示している	26.4(19)	52.8(38)	9.7 (7)	2.8 (2)	0.0 (0)	8.3 (6)	100.0 (72)
科学2　温暖化研究に携わる日本の科学者は国民に信頼されている	8.3 (6)	41.7(30)	29.2 (21)	8.3 (6)	0.0 (0)	12.5 (9)	100.0 (72)
科学3　温暖化に関する科学は、政策の基礎とするには、まだ不確実なところが多い	8.3 (6)	26.4(19)	20.9 (15)	26.4 (19)	8.3 (6)	9.7 (7)	100.0 (72)

注：(　) 内は実数。

であり、本章ではその中でも「温暖化に関する認識」「温暖化科学に関する認識」の調査結果に注目する。

表7‐1の質問項目は、気候変動問題の存在、深刻さ、人間活動の影響という、最も基本的な認識を主要団体に問うものである。全体として、いずれの問いに対しても否定的な回答が存在せず、認識の足並みがおおむねそろっていることが見てとれる。温暖化懐疑論は、気候変動問題に関する基本的な認識を否定的な方向に傾ける要因になりうるが、認識1〜3に対する回答結果は、温暖化懐疑論が少なくとも基礎的なレベルでは調査対象団体の認識に大きな影響を与えていないことを示している。

表7‐2に示した質問項目は、気候変動問題の科学に関する認識を問うものである。認識1～3と比べると、その回答は全体としてやや拡散的なものとなっている。科学1のIPCCの信頼性に関しては比較的高い数値を保っているものの、科学2の日本の科学者の信頼性に関しては回答がより否定的な方向に動く傾向が見られ、科学的な不確実性の評価と政策を関連させた科学3では、回答が完全に二分され、認識の足並みが乱れている。温暖化懐疑論は気候変動問題の不確実性を強調する効果があり、不確実性を大きく見積もる方向に認識を傾ける要因になりうる。ただし、気候変動問題の科学に不確実性があることは、専門家も認める当然の前提であり（江守 二〇〇八）、温暖化懐疑論を参照せずとも引き出すことができる認識である。したがって、科学的な不確実性をめぐる主要団体間の評価のばらつきが、ここ数年の温暖化懐疑論の広まりのために生じたという影響関係を単純に見出すことはできない。ここでは、実際に機能しているかどうかはともかく、温暖化懐疑論が主要団体の認識に影響を与えうる回路が存在することを指摘するにとどめる。

新聞記事、主要団体の認識と温暖化懐疑論

第二節では、書籍というメディアにおける、ここ数年の温暖化懐疑書籍の増加を指摘したが、本節で提示したデータは、そのような状況が新聞記事の内容、あるいは主要団体の基本的な認識に影響を与えていないことを示している。ただし、科学の不確実性の評価という論点において、温暖化懐疑論

の主張と主要団体の認識が連結する可能性はあり、完全に分断されているわけではないことに留意する必要がある。

4 アメリカ合衆国を中心とする「環境」懐疑書籍の出版状況との比較

本節では、アメリカ合衆国を中心とする「環境」懐疑書籍の出版状況を分析したハッカスほか (Jacques et al. 2008) との比較から、日本の事例の特性を分析する。

アメリカ合衆国を中心とする環境懐疑書籍

ハッカスほか (Jacques et al. 2008) は、温暖化懐疑論の上位カテゴリである環境懐疑論を支持する英語書籍をリスト化し、そこから得た著者、出版社のデータを検証することにより、環境懐疑論と保守系シンクタンクのつながりを実証した研究である。なお、環境懐疑論は「環境問題の深刻さを否定し、また環境問題を実証する科学的な証拠を棄却する」ものと定義づけられ、環境保護政策の重要性に疑問を呈し、反規制・反企業責任の立場を支持するとともに、しばしば西洋的な進歩を脅かすものとして環境保護を位置づけるといった特徴を持つとされている (Jacques et al. 2008: 354)。

ハッカスらは、まず、環境懐疑論を表明している書籍をリスト化する作業を行い、一九七二年から二〇〇五年の間に出版された一四一冊の英語書籍をデータセットとして得た。次に、リストアップされた書籍を対象に、著者が保守系シンクタンクに所属しているか、保守系シンクタンクの出版部から出版されているか、あるいはその両方の条件を満たすかを調査した。その結果、一四一冊のうち一三〇冊（九二％）が保守系シンクタンクとつながりを持つことが明らかになった。なお、その大部分が一九九二年以降にアメリカ合衆国において出版されたものである。また、環境問題に関心を持つ保守系シンクタンクのウェブサイトを調査した結果、その九〇％が環境懐疑論を支持していることが明らかになった。保守系シンクタンクは、豊富な資金力を持つ財団や企業にバックアップされた政治的に強力な存在であり、それに主導される環境懐疑書籍の流布といった反環境戦略が、近年のアメリカの環境保護政策を弱体化させている原因の一つとして結論づけられている。

日本における温暖化懐疑書籍との比較

では、ハッカスほか（Jacques et al. 2008）のように著者や出版社に注目すると、日本の事例はどのような特徴を持つのだろうか。まず、著者のステータスについて検討する。本章で作成した温暖化懐疑論を支持する書籍のリストにおいて、単著を出版している著者は二九名である。著者ごとの出版点数をカウントすると、上位から三三冊、一三冊、五冊（三名）……と続いており、最上位の著者だけで出版点数全体の約三割、上位五名で約六割近くを占めるという偏りがある。温暖化懐疑論を支持する書籍の共著者となっているか、あるいはさまざまな話題を扱った論文集やエッセイ集の中で温暖化懐疑論を展開している著者を含めると四七名になる。この四七名を母数としたとき、最も大きな集団となるのが大学教授、あるいは元大学教授の一七名である。その専門分野は幅広く、地球・宇宙物理学、天文学など、比較的気候変動問題の科学に近いと思われる領域から、工学、生物学などまでも含み、社会科学系では経済学、社会学などが見られる。また、出版点数全体の約五割を占める上位四名が、大学教授である。そのほかに見出しうるまとまりとして、大学教授など研究職に就いていない者のうち、四名が重化学工業（鉄鋼業、機械工業、化学工業）での勤務経験を持っている。ただし、大学教授というステータスにおいて偏りが見られるとしても、その専門分野は幅広い。また重化学工業での勤務経験を持つ著者の小規模なまとまりが観察できたとしても、それをもって当該産業の利害関係が持ち込まれていると見なすことは難しい。

次に、出版社について見てみると、全一〇五冊に対して六六社を数え、出版点数の多い順から、五冊（三社）、四冊（四社）、三冊（四社）と続き、突出した出版点数を持つ出版社が存在しない。系列関係やおおまかな出版傾向（保守寄り、学術系など）でまとめて集計することも試みたが、大きな数にはならなかった。また、出版社の規模も、巨大な総合系出版社から小さな専門書を中心とする出版社まで幅広い。こうしたことから、出版社については、きわめてばらつきが大きいことが明らかである。

このように、アメリカ合衆国を中心とする環境懐疑書籍の著者や出版社が、保守系シンクタンクという一つの属性に収束するというハッカスほか（Jacques et al. 2008）の議論と比較すると、日本の温暖化懐疑書籍の著者や出版社の属性は、より拡散的、個別的な特性を持つと考えられる。

5 日本の温暖化懐疑論書籍をめぐる状況

本章のこれまでの議論を簡単に整理してみよう。第二節では、日本において出版された温暖化懐疑論を支持する書籍をリスト化し、出版点数をカウントすることで、その年次変化を示した。これにより、温暖化懐疑書籍が二〇〇〇年代後半以降に大きく増加したことが明らかとなった。第三節では、新聞記事内容の分析結果と質問紙調査のデータより、ここ数年の温暖化懐疑論の増加が、新聞記事の内容と気候変動政策の形成に関わる主要団体の基礎的な認識とはつながりが薄いことを示した。第四節では、アメリカ合衆国を中心とした環境懐疑書籍の事例と日本の事例を比較した。著者、出版社が保守系シンクタンクという単一の属性に収束する前者と対照的に、日本の温暖化懐疑書籍の著者、出版社はより個別的、拡散的な特徴を有していることが分かった。

以下では、日本の温暖化懐疑書籍の大きな特徴として、二〇〇〇年代後半以降に出版点数を大きく伸ばした点に注目し、日本の温暖化懐疑論の性質を検討する。この特徴からは、第一に、なぜ二〇〇〇年代後半に入るまで出版点数が伸びなかったのか、第二に、なぜ二〇〇〇年代後半以降に出版点数を大きく伸ばしたのかという二つの問いを引き出すことができる。

まず、第一の問いについて、気候変動問題が政策課題となった経緯と日本の石油業界をめぐる状況から考えてみたい。

日本で気候変動政策を政策課題として捉えたのは、竹下派を中心とした「新環境族」と呼ばれる政治家であった。リクルート事件からの名誉回復への有効性と、環境ＯＤＡおよび環境産業の成長を見込んで、新環境族は気候変動政策に取り組んだとされる。この状況をふまえ佐藤（二〇一六）は、科学的な議論には立ち入らず、自民党の新環境族主導により気候変動防止が政策課題になったため、日本では気候変動の存在自体を疑う温暖化懐疑論が広まらなかったとしている。

地球温暖化は、日本の産業界にとってもビジネスチャンスであった。すなわち、ミランダ・シュラーズが指摘したように、「日本の産業界にとっては、望まない規制や炭素税が回避できる限りで、地球環境問題は一種の『緑の金』であると見なされた。（中略）日本の産業界はドイツと同様、地球温暖化に対応することが利益につながると考えた」（Schreurs 2002=2007: 132）。このように、地球温暖化という現象は、有力政治家のみならず、規制色の強い政策手段が導入されないという条件のもとでは日本の産業界にも利益をもたらすものであった。したがって、産業界が選好しないタイプの気候変動政策の導入可能性が低かった日本の一九九〇年代および二〇〇〇年代前半において、温暖化懐疑論は注目すべきものとはならなかったと考えられる。

このようにして政策課題になった地球温暖化は、日本の石油業界にとっても否定すべきものとはならなかった。この点は、日米の石油業界の構造の違いから説明できる。組織化されたアメリカ合衆国の温暖化懐疑論の背景には、石油メジャーであるエクソン・モービル社の存在が指摘されている（明日香ほか 二〇〇九：三、Union of Concerned Scientist 2007）。石油メジャーにとって地球温暖化対策は、化石燃料利用への批判と結びつくため、石油需要と石油価格の低下につながり、売上減を招く。一方、原油の精製・販売が主である日本の石油元売業にとっては、石油価格低下は原油の仕入価格低下を意味するものでもあり、アメリカ合衆国の石油メジャーのような問題は生じない。したがって、一九九二年の地球サミットや一九九七年の京都会議を通じて温暖化問題自体への関心は高まったとしても、それが地球温暖化への疑念、さらに温暖化懐疑書籍需要へと結びつく余地はなかったと理解できる。

次に第二の問いについて、二〇〇〇年代後半の環境関連書籍の出版ブームという社会的状況と、温暖化懐疑書籍需要を高めた政治的状況という二つの側面から考えてみたい。

まず、二〇〇〇年代後半の環境関連書籍をめぐる社会的状況に注目してみたい。「環境関連は元来、地味で目立たない分野であった」が、アル・ゴアによる映画『不都合な真実』の二〇〇七年一月の公開と、それを受けた書籍版『不都合な真実』の発行部数が二一万五千部に達したことは、環境問題への読者の関心を高めたとされる（全国出版協会出版科学研究所 二〇〇八：九六）。すでに二〇〇六年には『ハチドリのしずく――いま、私にできること』（光文社）や『もったいない』（マガジンハウス）といった、環境問題関連書などが好セールスを上げる一方で、池田清彦著『環境問題のウソ』（筑摩書房）といった「アンチ環境本」も出版されていた（全国出版協会出版科学研究所 二〇〇七a：九九）。環境保護を呼びかける書籍が大量に売れる中で、アンチ環境本も注目されるようになり、二〇〇七年頃の日本には温暖化懐疑書籍を受け入れやすい土壌が形成されていたと考えられる。

そして、二〇〇七年に武田邦彦による温暖化懐疑書籍ブームが到来する。本章第二節で見たとおり、日本語による温暖化懐疑書籍は一〇五冊であるが、この約三分の一にあたる三三冊が武田邦彦の著作である。二〇〇七年の武田邦彦の『環境問題はなぜウソがまかり通るのか』シリーズのヒットにより、内容的な重複も見られる同氏の書籍が量産されたことも、日本の温暖化懐疑書籍点数の急増に拍車をかけたといえる。ある出版関係者によれば、日本の温暖化懐疑書籍が出版界でトレンドとなった背景には、出版してみたところ売れた、そして、売れるから出版したという構図があったとのことである（筆者による出版関係者への二〇一四年八月六日実施のインタビューによる）。

武田らによる温暖化懐疑論は、「『お上や大学の先生の言うことの多くはウソ』『多数派が正しいとは限らない』と反射的に思ってしまう、ある意味では健全な市民感覚のようなものを刺激」（明日香・神保 二〇〇七：七四三）したと考えられる。また、日本での温暖化懐疑論受容の根底には、商業主義的色彩も帯びている「エコ」ブームへの疑念や、産業構造のグリーン化よりも室温制御やクールビズといった個人レベルでの意識改革に傾斜している対策への違和感もあったのではないだろうか。そして、温暖化問題をめぐる科学がきわめて複雑であり、温暖化懐疑論への疑問を一般の読者が感じにくかったことも、温暖化懐疑書籍の市場での「賞味期限」を長くしてしまった一要因として推測される。

すでに見たとおり、日本では温暖化懐疑論に関して、新聞記事はほとんど見られない一方で、書籍刊行数は多い。この傾向は、近年の韓国および中国批判に関わる新聞記事および書籍の動向と一致しており、書籍に比べて新聞の方が記述内容の社内でのチェックが機能している可能性が示唆される。

このような社会的状況と並んで温暖化懐疑書籍の需要を高めたと考えられるのが、次に示す日本の二〇〇〇年代後半における温暖化防止をめぐる政治的状況である。京都議定書の第一約束期間（二〇〇八〜二〇一二年）における削減目標達成にむけて、二〇〇〇年代後半になると日本においても具体的な温暖化対策が検討されるようになった。日本政府は、二〇〇七年一二月にインドネシアで開催されたCOP13の場において、ポスト京都の枠組みづくりの選択肢としてセクター別アプローチを提案した。このいわゆる「日本版セクター別アプローチ」に理論的根拠を与えたのは、翌二〇〇八年三月に日本経団連のシンクタンク「二一世紀政策研究所」によって公表された澤昭裕・福島文子『ポスト京都議定書の枠組としてのセクター別アプローチ――日本版セクター別アプローチの提案』（二〇〇八）とされる。二〇〇八年は、日本の温暖化対策をめぐる大きな動きがあった年であり、当時の福田康夫首相による「福田ビジョン」が二〇〇八年六月に発表された。「福田ビジョン」は、二〇〇七年五月に安倍晋三首相（当時）が提唱した「美しい星五〇」より踏み込んだ内容であり、この構想の中で、国内排出量取引制度の試験導入が提案された。

この当時、排出量取引は、効果的な温暖化対策手法として非常に注目されており、環境経済学者の中でも賛否が分かれる論争となった。排出量取引制度賛成派の諸富徹や反対派の岡敏弘らによる文献がよく知られており、諸富徹・鮎川ゆりか編『脱炭素社会と排出量取引――国内排出量取引を中心としたポリシー・ミックス提案』（二〇〇七）、岡敏弘「排出権取引の幻想」（二〇〇七）、植田和弘・岡敏弘・新澤秀則「座談会　排出権取引は幻想か――岡論文をめぐって」（二〇〇八）、岡敏弘「国内排出権取引制度が選ぶ未来」（二〇〇八ａ）、岡敏弘「排出権取引は中核的政策手段にはなり得ない」（二〇〇八ｂ）、岡敏弘・畔上泰尚・山口光恒「排出権取引における初期配分が効率性に与える影響――ＥＵ排出権取引制度（ＥＵＥＴＳ）の現実から考える」（二〇〇九）などがある。このように二〇〇〇年代後半になり、京都議定書第一約束期間の目標達成にむけた具体的な政策手法の議論がなされるようになった。そして、特に有力な対策とされた排出量取引は、産業界にはその制度設計次第では大きな負担を課すものとして理解された。その結果、日本の重厚長大産業は、キャップ・アンド・トレード方式といった規制色の強い排出量取引制度の導入、さらに諸富・鮎川編（二〇〇七）で提案されたようなキャップ・アンド・トレード方式と環境税のポリシー・ミックスに反対という立場であった。

本章第三節では、気候変動政策に関連する個人や組織の認識において、政策に関連した場合に科学の不確実性の評価に留保をつける傾向があるというデータを示した。したがって、二〇〇〇年代後半以降の温暖化懐疑書籍の急増は、その時期になされた具体的な政策論議の中で、産業界に負担を強いる政策導入の科学的根拠に疑問を投げかけるものとして、温暖化懐疑論への注目度が高まったことによると考えられる。

本章第二節および第三節で述べたように、新聞記事の内容や、政策形成に関わる主要団体への質問紙調査の結果からは、少なくとも気候変動問題の「存在」は所与の事実として受け止められていることが見てとれる。現在にいたるまで、気候変動問題をめぐる基本的な認識は維持されており、大きな変化は生じていない。気候変動問題の存在そのものの否定といった、ラディカルな主張が政策形成の場に吸い上げられたことは、少なくとも現在まではなかったといっていいだろう。その意味で、日本の温暖化懐疑論は主流メディアや気候変動政策形成の「外部」に位置づけられる言説である。

にもかかわらず、日本の温暖化懐疑論は、次のように気候変動政策をめぐる議論と接続可能である。その典型例を、澤（二〇一〇）の中に見出すことができる。その第一章では、「二〇〇一年以降気温上昇は停止」「気温上昇が二酸化炭素濃度上昇の原因」「二酸化炭素の効果は水蒸気の効果に比べて小さい」などの典型的な温暖化懐疑論、また、いわゆる「クライメートゲート事件」などについての言及がなされる。クライメートゲート事件とは、二〇〇九年に、イーストアングリア大学気候ユニットの電子メールと文書がクラッキングにより流出し、その内容の中に科学的データを不正に操作した証拠が見つかったとされた出来事であるが、その後の検証により、不正な操作のような事実はないという判断がなされている。

澤（二〇一〇）は、気候変動問題が存在しないといった主張のための議論を重ねるわけではなく、第二章以降で展開されるのは、キャップ・アンド・トレード型国内排出枠割当・取引制度に対する批判と、セクター別アプローチの推奨など、政策の強弱に関する議論である。全体の議論の中で、温暖化懐疑論は簡単に着脱可能な部分として触れられるにとどまっており、それを参照することによって温暖化問題の不確実性を強調し、より負担の大きい政策手段への批判を行う部分的なバックアップとする議論として読み取ることができる。規制色の強い政策批判における温暖化懐疑論の有効性確認のための「観測気球」として、同書は温暖化懐疑論に言及したという見方も可能である。

なお、本章では、澤（二〇一〇）を温暖化懐疑書籍としてはいない。それは、明らかな誤解や曲解に基づいた独断的な結論を自ら構築するわけではなく、そのような議論の存在を「紹介」する内容にとどまり、温暖化懐疑論を主張しているとはいえないと判断したためである。また、澤自身、「筆者は科学者ではないので、温暖化が進んでいるのか、いないのか、進んでいるとしてその原因は何か、権威を持って断じることはできない」（澤 二〇一〇：一九）として、温暖化をめぐる科学への評価に踏み込んではいない。

二〇〇〇年代後半以降、京都議定書第一約束期間の目標達成のための具体的な政策形成が模索される中で、対策にともなう負担が明確に認識され、どのような対策手段を選択するかをめぐって、綱引きの構造がかたちづくられることとなった。こうした構図と、温暖化懐疑論はゆるやかに関係していると考えられる。日本の温暖化懐疑論は、アメリカ合衆国の事例のように、組織的に政治の場に組み込まれているものとはいえない。気候変動問題の存在そのものを否定するようなラディカルな主張としては、日本の主流メディアや気候変動政策の形成に取り込まれてはおらず、その意味で周縁的な言説にとどまっている。しかし、ある主体にとって好ましくはない気候変動政策を批判する際に、温暖化懐疑論は言説資源として利用可能であることに留意すべきである。日本の事例は、組織化されてはいなくても温暖化懐疑論が広がりうることと、温暖化懐疑論が気候変動政策をめぐる議論と接続可能であることを示している。今後、規制色の強い気候変動政策の導入が検討される場合に、温暖化懐疑論の「利用」がなされるのか、日本に限らず各国の動向に注目する必要がある。

【コラム……7】

環境政策と政治――保守陣営による環境政策推進とその背景

喜多川進

日本の公害をめぐっては、被害者と企業および国家との激しい対立が表出した。その対立が顕著であった一九六〇年代および一九七〇年代には、環境改善を求める被害者の切実な訴えが環境政策の推進動機であった。しかし、その様相は今日では変化している。

本章で指摘したように、一九八〇年代には、自民党竹下派を中心とした「新環境族」と呼ばれる政治家が気候変動防止政策に着手した。また、ドイツの廃棄物政策のケースでは、容器包装廃棄物の回収・分別責任を担うという拡大生産者責任のコンセプトが保守政党・財界側により提案されるなど、一見しただけではその環境政策提案の理由を理解することは難しい。そして、このドイツの政策提案の背景には、環境改善動機以外の経済的および政治的動機があったことが指摘されている（喜多川 二〇一五）。

このように一九六〇年代あるいは一九七〇年代においては環境政策に消極的あるいは対立的であった保守政党や財界などが、近年は一定の条件のもとで「環境政策」に積極的に関与するようになっている。そのため、個々の環境政策について、真の意味で環境改善に貢献するものであるのか、それとも「環境政策」の顔をした経済政策あるいは産業政策と呼ぶべきものであるかという、その実体の見極めが不可欠である。

参考文献

喜多川進　二〇一五『環境政策史論――ドイツ容器包装廃棄物政策の展開』勁草書房。

第8章 日本は気候変動と戦っているのか

国際貢献と戦後日本的対応の意味論

池田和弘

1 気候変動と戦う

気候変動に関する政府間パネル（IPCC）が二〇一四年に発表した第五次評価報告書によると、気候変動による気温上昇を二度未満に抑えるためには、二一〇〇年の温室効果ガスの濃度を、二酸化炭素換算で四五〇PPM程度に収めなくてはならない。それからほどなく、翌二〇一五年三月に、二酸化炭素の平均濃度は、測定開始以来初めて四〇〇PPMを超えた。日本経済新聞の電子版がこれを「世界のCO$_2$濃度が危険水域に　測定開始後初」という見出しとともに伝えている（日本経済新聞二〇一五年五月七日）。

日本は一九九七年の京都会議のときから一貫してこの問題に立ち向かってきた。最近の流れでいえば、二〇〇七年には第一次安倍政権がポスト京都の枠組みづくりに向けて、「クールアース五〇」の標語のもとに、世界全体の温室効果ガス排出量を二〇五〇年までに半減させるという目標を提案した。その後、自由民主党から民主党への政権交代を経て、二〇〇九年には、鳩山由紀夫首相が国連気候変動サミットにおいて、二〇二〇年までに温室効果ガスの排出量を一九九〇年比で二五％削減することを目指すと表明した。自由民主党の時代も民主党の時代も、日本政府は気候変動対策に前向きだったといえる。

その後の道のりは、日本の気候変動政策にとっては不運なものであったのかもしれない。二〇一一年三月の東日本大震災を受けて、日本国内では大震災とそれに伴って発生した福島第一原子力発電所の事故への対応に追われることになった。その後、政権与党が民主党から自由民主党へと戻っていく中で、原子力発電の是非と日本のエネルギー構成のあり方をめぐって大きな論争が続いていることは、多くの人が承知しているところだろう。

震災後の今から振り返れば、日本の気候変動対策は原子力発電への依存を前提とするものであったといわざるをえない。東日本大震災と福島原発事故が起こる前は、気候変動対策を原子力発電の是非と切り離して考えることができた。京都議定書の目標を達成するために「チームマイナス六％」という標語が作られたが、この言葉から原子力発電の是非まで連想できた人はあまり多くなかったのではないか。その意味では、原子力発電を続けることの危険性を経由せずに、気候変動対策のあり方を考えることができた。

ところが逆に、「それでは、日本は気候変動と戦ってきたのだろうか」と問われると、どこか違和感が残る。たしかに気候変動対策の重要性は認知されてきたし、「チームマイナス六%」では節電も心がけた。ハイブリッド車などのエコカーを購入した人も多いだろう。震災後もそれは大きく変わっていない。たとえば、震災後に実施された意識調査でも、回答者の三分の二が地球温暖化に関心があると答えている（中村 二〇一三：九）。

私たちは震災前も震災後も、気候変動を重要な問題だと考えている。けれども、それで二一〇〇年の温室効果ガス濃度を四五〇ＰＰＭに収めることができるのかと問われれば、おそらくその答えはノーだろう。気候変動と戦っているのか、いないのか。私たちはその答えに戸惑ってしまうのではないか。

米本昌平が『地球環境問題とは何か』で指摘したように、地球環境問題は米ソ冷戦の終焉から始まる国際政治の枠組転換の中で大きく主題化された（米本 一九九四）。そのため、気候変動を語る言葉にもポスト冷戦の匂いが色濃く残っている。人類の生存や安全保障といった言葉がそれだ。気候変動と戦う（combat climate change）もその一つである。ポツダム宣言を受け入れて武装解除し、サンフランシスコ講和条約で平和日本として国際社会に復帰した日本にとって、「戦闘（combat）」は最も遠い出来事になった。私たちに残る違和感はこの戦闘からの遠さに由来する。気候変動と戦っているのか、いないのか。それは、あえていえば、私たち自身で決められる何かではなかったのかもしれない。

2 戦うことへの戸惑い

先ほど戸惑いがあると述べたが、気候変動と直接戦うことへの留保的な態度は、政策形成に影響を与える主要団体の間にも見られる。

ＣＯＭＰＯＮプロジェクトが二〇一一年二月から二〇一三年七月に行った気候変動政策の政策形成に関わる主要団体への質問紙調査において、各組織に気候変動に関する基本的な認識を尋ねたところ、表８‐１の結果が得られた（気候変動政策の分野では「気候変動」ではなく「温暖化」を用語として採用してきた経緯があるため、質問文中でも「温暖化」を用いている。調査方法の詳細については附録を参照のこと）。

回答を得ることができた組織の多くは、温暖化を人為的な原因によって実際に起こっている問題であると認識しており、特に「認識２　温暖化は深刻な問題である」については、「そう思う」が七二・二％と高い値を示している。ところが、「認識４　温暖化は適切な対応をとることで、解決できる問題である」については、過半数の組織が「ある程度そう思う」と答え、「そう思う」から一段階下げた回答になっている。また、「認識５　日本の温暖化対策は十分である」についても、「ある程度そう思う」から「どちらとも言えない」に意見が集まり、温暖化に対する対策が十分とは言い切れな

表 8－1　主要団体の気候変動問題に対する基本的な認識

	そう思う	ある程度そう思う	どちらとも言えない	あまりそう思わない	そう思わない	回答なし	合計
認識1　温暖化は実際に起こっている	61.1(44)	29.2(21)	4.2 (3)	0.0 (0)	0.0 (0)	5.5 (4)	100.0 (72)
認識2　温暖化は深刻な問題である	72.2(52)	18.0(13)	5.6 (4)	0.0 (0)	0.0 (0)	4.2 (3)	100.0 (72)
認識3　現在の温暖化の主要因は人間の活動である	50.0(36)	36.1(26)	8.3 (6)	0.0 (0)	0.0 (0)	5.6 (4)	100.0 (72)
認識4　温暖化は適切な対応をとることで、解決できる問題である	15.3(11)	56.9(41)	16.7 (12)	4.2 (3)	0.0 (0)	6.9 (5)	100.0 (72)
認識5　日本の温暖化対策は十分である	6.9 (5)	27.8(20)	30.6 (22)	13.9 (10)	13.9(10)	6.9 (5)	100.0 (72)

注：(　) 内は実数。認識1～3は表 7－1 と同一のデータである。

表 8－2　主要団体の国際的な政策手段への考え方

	そう思う	ある程度そう思う	どちらとも言えない	あまりそう思わない	そう思わない	回答なし	合計
国際1　新興国(BRICs など)には排出削減をせずに、急速な経済発展が認められる	2.8 (2)	6.9 (5)	15.3(11)	38.9(28)	27.8(20)	8.3(6)	100.0(72)
国際2　ポスト京都議定書の枠組みには、すべての主要排出国を含める必要がある	59.7(43)	30.6(22)	1.4 (1)	1.4 (1)	0.0 (0)	6.9(5)	100.0(72)
国際3　日本は国際的な合意の有無にかかわらず、自国の温暖化政策を独自に進めるべきだ	29.2(21)	41.7(30)	11.1(8)	5.5 (4)	4.2 (3)	8.3(6)	100.0(72)

注：(　) 内は実数。

いという認識もある。

気候変動は適切な対応をとることで解決できるのか。そこに留保的な態度が現れているのだが、その背景には、気候変動問題の原因と影響の国際的な広がりがある。表８‐２に示すように、「国際１　新興国（ＢＲＩＣｓなど）には排出削減をせずに、急速な経済発展が認められる」に対して、全体の三分の二の組織が「あまりそう思わない」「そう思わない」と回答しており、京都議定書の次の枠組みでは途上国も一定の排出削減義務を負うべきだという考え方がある。特に世界最大の温室効果ガス排出国となった中国と、京都議定書を批准せず結果的に削減義務を負わなかったアメリカをどう取り込むかが、この先の交渉の大きな焦点になってくることは間違いない。「国際2　ポスト京都議定書の枠組みには、すべての主要排出国を含める必要がある」でも、九〇%を超える組織が「そう思う」「ある程度そう思う」と答えており、この点については日本の主要団体の共通認識になっていると考えてよいだろう。

3 総論賛成、各論反対

気候変動が深刻で重大な問題であるということは分かっていて、それに対する日本の対応も十分とは言い難いのだが、さりとて十分な対策をとったとしても、それで解決できるかどうかは微妙なところが残る。最大公約数的にはそういった認識があるといってよさそうだが、だからといって日本が適切な対応をとらなくてよいわけでもない。「国際3　日本は国際的な合意の有無にかかわらず、自国の温暖化政策を独自に進めるべきだ」に対して、七割を超える組織が「そう思う」「ある程度そう思う」と答えているように、ポスト京都議定書の交渉がどのような形で決着をしようとも、日本で排出される温室効果ガスについては日本が削減しなくてはならない。第五章で触れた企業や業界団体の自主行動計画がその一つの表れといえるだろう。

そうした意味でも、日本の気候変動政策に関わる主要団体は、大きくいえば、かなり同質性の高い認識を持っている。気候変動の対策は重要で、日本として対応をとらなくてはならない。が、しかし、ということだ。

各主要団体の意見が大きく割れてくるのは、ここから先である。日本として気候変動に対して政策的に対応するならば、温室効果ガスの排出に法的な規制をかけるか、あるいは、排出量取引制度を導入して経済的メカニズムにのせるのが最も効果的である。前者であれば罰則が、後者であれば価格シグナルが、それぞれ産業活動に対するマイナスのサンクションとして働くからだ。そうした調整的な仕組みを温室効果ガス削減目標値とセットにして動かせば、効率よく排出量を減らすことができる。

ところが、この二つの大きな制度的手法については、主要団体の間で意見が二分している。大きな偏りが出ているのは産業界を代表する業界団体の意見と、いわゆる市民社会的な勢力を代表するNGOの意見だ。表8‐3は、両セクターの、①セクターごとの法的な排出削減、②国内排出量取引制度、③セクターごとの自主的な排出削減、に対する政策選好を示したものである。法的な排出削減と国内排出量取引制度については、多くの業界団体が「あまり有効ではない」「有効ではない」と答え、逆にNGOの多くは「有効である」「ある程度有効である」と答えており、二つの勢力の間で意見が大きく食い違っている。それに対して、セクターごとの自主的な排出削減に対しては、七割を超える業界団体が「有効である」と答えており、業界団体は法や経済メカニズムといったハードな政策手法で

表 8－3　主要団体の国内的な政策手段に対する政策選好

（1）セクターごとの法的な温室効果ガス排出削減

	有効である	ある程度有効である	どちらとも言えない	あまり有効ではない	有効ではない	合計
業界団体	0.0（0）	14.3（2）	21.4（3）	35.7（5）	28.6（4）	100.0（14）
NGO	60.0（6）	30.0（3）	10.0（1）	0.0（0）	0.0（0）	100.0（10）

（2）国内排出量取引制度

	有効である	ある程度有効である	どちらとも言えない	あまり有効ではない	有効ではない	合計
業界団体	0.0（0）	7.2（1）	21.4（3）	21.4（3）	50.0（7）	100.0（14）
NGO	40.0（4）	40.0（4）	20.0（2）	0.0（0）	0.0（0）	100.0（10）

（3）セクターごとの自主的な温室効果ガス削減目標

	有効である	ある程度有効である	どちらとも言えない	あまり有効ではない	有効ではない	合計
業界団体	71.4（10）	21.4（3）	7.2（1）	0.0（0）	0.0（0）	100.0（14）
NGO	0.0（0）	60.0（6）	0.0（0）	40.0（4）	0.0（0）	100.0（10）

注：（　）内は実数。

はなく、業界内で柔軟な運用ができる自主的な規制を選好していることが分かる。

産業界がボトムアップ型の自主的規制を選好するのは、いわゆる抵抗勢力として動いているからに違いないと考えるのは、性急にすぎるだろう。産業界、特に重厚長大型の産業に属する企業は国内外に競合相手を抱えており、適正な利益を確保しながら製品シェアを維持するためには、均一な競争条件、いわゆるイコール・フッティングを求めざるをえない。それに対して、NGOをはじめとする市民団体は政治や経済といった機能領域からは一つずれた、いわば社会的な視点からの価値の追求を目指している。ドイツの社会学者J・ハーバーマスの言葉を借りれば、「システムによる生活世界の植民地化」(Habermas 1981=1987: 125)によって毀損されている価値を浮上させることが目的なのだ。

産業界とＮＧＯの相違は政策的な志向に対する意見の相違であるとともに、産業界と市民社会という社会的な役割の違いから来るものでもある。社会における機能的役割という同じ平面上で棲み分けているからこそ、異なる意見を安全に表出できる。全面的に潰し合わず、総論賛成かつ各論反対の形にできるのは、それが理由だ。京都議定書で約束したことを破綻させずに日本の国としてなんとか達成できたのも、ＣＯＰ会議の政府代表団に経団連とＮＧＯがともに参加することができたのも、同じ系である。

４　バランス・アズ・バイアス

意見が異なる二つの勢力に割れているという点では、アメリカも同じである。ただし、その出方は日本のものとはかなり異なっている。

アメリカが京都議定書を離脱した経緯については周知のところだろう。京都議定書の交渉の際に、環境派のアル・ゴア副大統領が自国の交渉団を後押ししたことで、ＥＵ（マイナス八％）、アメリカ（マイナス七％）、日本（マイナス六％）の目標値がまとまった。けれども、その後のブッシュ政権下で、上院が議定書の批准に賛同しなかったため、アメリカは京都議定書の枠組みから離脱し、ＥＵ、日本

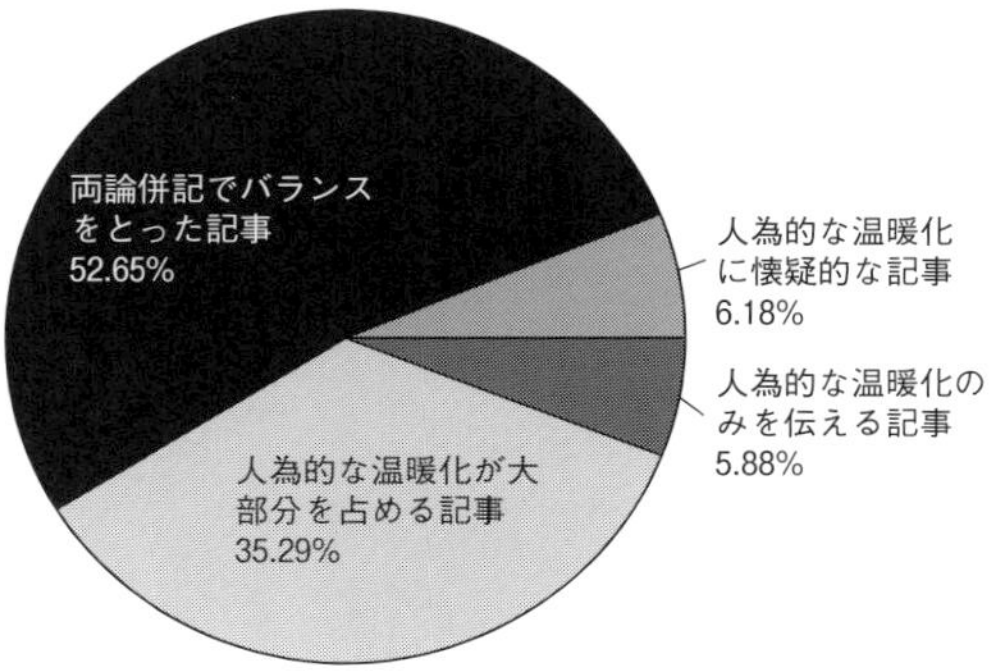

図 8－1　アメリカの主要紙における「温暖化の人為的起源」に関する報道内容（1988～2002 年、n＝340）

出所：Boykoff & Boykoff 2004: 132.

といった交渉当事国のみならず、世界中の国々から激しい非難を受けた。

このアメリカの離脱劇の裏では、規制反対派がメディア上でうまく振る舞っていたことが知られている。いわゆる懐疑論をめぐる議論だ。M・ボイコフとJ・ボイコフが行った、気候変動に関する新聞記事分析（Boykoff & Boykoff 2004）によると、アメリカの新聞報道の多くは、IPCCの報告書のような科学者の合意が得られている情報や議論とともに、それと同じくらいの量で懐疑的な議論も合わせて報道していた。

図8‐1はボイコフらが、アメリカの主要紙（ニューヨーク・タイムズ、ロサンゼルス・タイムズ、ワシントン・ポスト、ウォール・ストリート・ジャーナルの四紙）に掲載された気候変動に関する新聞記事の内容を、「温暖化の人為的起源」の観点から分類したものである。これによると、抽出された記事の五二・六五％において、「温暖化の主要因は人間の活動である」という内容と、「温暖化が人為的なものであるかどうかについては科学的に不確実なところがある」といういわゆる懐疑的な議論が、一つの記事の中に

「バランス良く」配置されていた。「～とされているが、～という意見もある」と両論併記する形だ。

アメリカで懐疑論的な議論に与している政治家は、「拘束力のある政策を実行する前に、もっと研究を深めるべきだ」という、もっともらしい言い方をすることがある。そうした中で一般的な読者が両論併記された記事を目にすると、実際には十分に科学的な合意が得られている事柄であるにもかかわらず、あたかも科学者の間で意見に大きな隔たりがあるかのように見えてしまう。ボイコフらはこれを「バランスのとれた記事による情報の偏り（バランス・アズ・バイアス）」と呼んでいる。公平中立でなくてはならないというジャーナリズムの職業規範に則ってバランスのとれた記事が書かれることによって、結果として、懐疑論的な議論が過剰に露出することになる、ということだ。

一般的な政治的イシューに関してはそれでよいところもある。意見や論点の複数性は健全な民主主義の運用に欠かせないものだからだ。しかし、それが科学的事実に関してのこととなると、問題の方が大きくなる。N・オレスケスとE・コンウェイによると、『タイム』誌が二〇〇六年に報道した調査では、地球の平均気温が上昇したと考えているアメリカ人は五六％に過ぎなかったという。また、同年のABCニュースの調査でも、アメリカ人の八五％が地球は温暖化していると考えているものの、六四％が「科学者の間でも意見の不一致が大いにある」と思っているという結果が出ている（Oreskes & Conway 2010=2011: 78-79）。

科学者としての責任と、一般的な読者の科学リテラシーのどちらもきわめて重要であることを示す事例の一つだが、逆に考えれば、アメリカ社会はそういう形で気候変動を処理してきたともいえる。両論併記という形でバランスをとろうとしたことで、懐疑論的な議論が社会に過剰に露出することになったが、それによって、気候変動への政策的対応を遅らせて、国内経済を優先させる一応の理由がアメリカ社会に出現した。

この言説の効果は大きい。M・A・シュラーズによれば、ブッシュ政権が京都議定書からの離脱を表明したころに、石油・石炭業界の執拗なロビー活動や、京都議定書をつぶそうとする数人の保守的な連邦議員の動きがあったという（Schreurs 2002=2007: 164）。よく知られているように、石油メジャーのエクソン・モービル社はアメリカにおける懐疑論的な議論に大きな影響を与えている企業だ。ボイコフらはこう言う。「こうした優先づけによって、環境政策が現在の経済システムに与える脅威が強調されることはあっても、その逆はない」（Boykoff & Boykoff 2004: 133）。

5 エコロジー的近代化

現在の経済システムを環境政策に優先させたのがアメリカだとすれば、その逆を行ったのがヨーロッパである。

ヨーロッパ諸国の中でも、特にドイツは気候変動に関する国際交渉の中で常に主導的な立場を担い続けた。その傾向は交渉の最初期から見られる。シュラーズによれば、気候変動枠組条約に先立つ国際交渉委員会において、アメリカは気候変動科学が不確実であることを理由に排出削減の数値目標の設定に反対したが、それとは対照的に、ドイツは国内の排出量を二〇〇五年までに一九八七年比で二五〜三〇％削減するという目標値を提案した。それを受けて当時のＥＣも、二〇〇〇年までに排出量を一九九〇年レベルで安定化させるという目標を立てている（Schreurs 2002=2007: 118）。

ドイツが主導的な役割を果たしている背景には、大きく二つの要素が関わっている。地政学的な条件からいえば、ドイツは日本やアメリカとは異なり、ヨーロッパ大陸の多くの国と近接しているため、お互いに環境の悪化を国内に留めることができない。いわゆる越境型の環境問題が発生しやすい環境にある。そこからこれも大きく二つの影響が生じた。一つは、酸性雨への国際的な取り組みを通して、当時新しく結成されていた緑の党が成長したことである。今では国際的な環境問題においてはドイツが指導力を発揮する場面が多く見られるが、その最初期の事例の一つが酸性雨問題への取り組みである。もう一つは、チェルノブイリ事故以降に原子力発電に対して逆風が吹き荒れる中で、気候変動問題への対策の必要性が原子力発電を続ける正当化の材料として使われたことである。これをきっかけに、ドイツ連邦議会に地球温暖化問題について調査する諮問委員会が設けられた（ティルトン 二〇一四：二二三―二二七）。

政治的、経済的利害関係が環境問題への対策と複雑に絡み合う中で、社会理論の面でも「エコロジー的近代化」という新しい理念が生み出された（コラム4参照）。これがもう一つの要素である。エコロジー的近代化論の中心的な論者であるA・モルによれば、エコロジー的近代化は、生産のあり方を環境基準に沿うように作り変えながら再編していく、現代社会の再帰的な過程を分析する上で重要な視角を提供するものである（エコロジー的近代化の概略については丸山（二〇〇六）、ドライゼク（Dryzek 2005=2007）に詳しい）。モルは次のように言う。

> エコロジー的近代化の理論内部では、近代の諸制度がエコロジー的改革の主要な道具と見なされる。と同時に、諸制度そのものも改変されながら、エコロジー的再編の中に巻き込まれていく。商品市場や労働力市場のような経済的制度も、国家のような規制的制度も、科学技術でさえも、生産性を重視するそれまでの先行者とは異なる性格を帯びて方向づけ直される。
>
> （Mol 1996: 315-316）

生産過程だけでなく、国家のあり方や経済の仕組みといった近代社会の諸制度も巻き込みながら、環境問題に対処することが社会の仕組みそのものを反省的に作り変えていく。越境型の環境問題が緑の党の成長を通して国内の政治的なバランスに変容を生じさせたり、原子力発電についての議論が気候変動問題対策委員会の立ち上げにつながり、法的規制や経済的メカニズムが検討されるというのも、そうしたエコロジー的近代化の一局面である。

そのため、気候変動問題に対処することは国や地域の産業を構造転換《リストラクチャー》することに近づいていく。「温室効果ガス排出削減が必要な世界の中では、気候変動政策を採用した国々こそがパワーを強化し、成功することができる」（ティルトン 二〇一四：二四三）。

そうした試みの好例はイギリスであろう。経済学者N・スターンがイギリス政府に提出したことから通称「スターン報告」と呼ばれている『気候変動の経済学』（Stern 2007）では、気候変動の対策コストは、何も行動しなければ、全世界の一人当たり消費額のおよそ五％程度、場合によっては二〇％を越えることになるが、現時点で行動に移すのならば、GDP比で一％程度に抑えることができる、とされる。イギリス政府はこの報告書を受けて、二〇〇八年一一月に世界初となる気候変動法を成立させ、二〇五〇年の目標値を一九九〇年比で八〇％減とするとともに、炭素予算やバンキング、ボローイングをはじめとするさまざまな経済的手法を盛り込んで、国内の炭素排出量をあたかも国の予算のように扱う仕組みを作り上げた。その結果、産業政策をはじめとして国内で実施されるさまざまな政策が、通常のお金の意味での予算とともに、炭素排出量の面でも予算計上してチェックを受けることになった。すなわち、国の経理を炭素排出量で書き換えたのである（イギリスの気候変動法の仕組みについては池田（二〇一三）で詳しく論じた）。

6 国際貢献と内部変数化の反省的観察

アメリカでは、懐疑論的な言説が過剰に露出することによって、現在の経済システムを環境政策に優先させるきっかけとなった。それに対してヨーロッパでは、環境問題を政治経済システムに差し戻すことによって、近代社会的な仕組みの再編が試みられている。

経済という視点から記述し直せば、アメリカは環境を経済の外部変数に置き続けたのに対して（外部不経済!）、ヨーロッパは経済の内部変数（持続可能な発展!）に位置づけ直したことになる。外部変数と内部変数という違いはあるが、経済の変数に組み入れるという点でいえば、この二つは機能的に等価（N・ルーマン）になっている。

けれども、日本がとった途はそのどちらとも異なる。

第三節で述べたように、日本の主要団体は気候変動に対してかなり同質性の高い認識を持っている。気候変動問題が重要な課題になっているという意識は持っているが、日本の国として対策を立てたことが問題の解決につながるかどうかについては留保的な態度が強い。かといって、一時的にであれ、人為的な理由によるものではない可能性もあるという形で、問題を経済システムの外側に括り出すこともできないので、環境よりも経済が優先すると積極的に言うこともできない。また、気候変動に関する議定書に京都の名が冠されたことによって、アメリカのように国際交渉から抜けることも、日本の国として取りうる選択肢ではなくなっている。

では、ヨーロッパのように、経済の内部変数として位置づけ直すかというと、そうでもない。日本は一九七〇年代の石油危機の際に、省エネルギー化という形で一度経済に内部化しているので、気候変動をその形で取り込むことが難しくなっている。ヨーロッパ諸国の場合には、京都議定書の基準年である一九九〇年が旧東ドイツとイギリスでエネルギーを浪費する重工業施設が閉鎖される直前の年にあたり、二酸化炭素排出量のピークはその年にきている（ティルトン 二〇一四：一二二）。

ヨーロッパは今まさに省エネルギー化を進めているから、その分だけ伸び代がある。けれども、日本はすでにそこを通過してしまったので、一周目を周回している国々の中で二周目を回らなくてはならない。内部変数化という点で言い直せば、省エネルギーという形で内部変数化した後で、もう一度反省的に変数を操作する、ということを意味する。いわば、一度乾かした雑巾をもって、どうすれば乾いたことになるのかを考えなくてはならなくなったのだ。

そこで、さまざまな政治的思惑や歴史的経緯の中で、日本が結果的に導き出したのが、「国際貢献」に関係づけるという方法である。シュラーズによれば、一九八九年に竹下登首相がアメリカのブッシュ大統領に日本の国際貢献のあり方について説明したことをきっかけに、自民党が環境保護重視に変わっていったという（Schreurs 2002=2007: 130）。アメリカが京都議定書からの離脱を表明したときにも、日本の参議院は政府に対して、議定書の発効に向けて国際的リーダーシップを示すことを求めている。

意外に思われるかもしれないが、気候変動に対処する上で、国際的に協調することは必ずしも必要ではないだけでなく、結果的に障害になることも多い。

経験的な範囲でいえば、日本がエネルギー消費効率をさらに大きく減らすためには、かなり大胆な政策の展開が必要になる。けれども、法的規制や経済的メカニズムといった政策的措置は最終的には国内法に基づいており、国境を越えて効力を持たせることはできない。また、近代社会の諸制度は複数の国家での試行錯誤が同時に進むことで効率的な運用と平準化を同時に達成している側面があるが、国際的な枠組みに強く拘束されるとそうした制度競争も効きにくくなる。たとえば、森林などの炭素吸収源が国際的に認められて正味の排出削減必要量が減ると、それ以上の削減へのインセンティブが働きにくくなり、規制的な政策が通りにくくなるといったことだ。

日本が気候変動問題に対してどういうスタンスをとっているのか分かりにくいと言われる原因もここにある。国際貢献を考え始めると､自国がどういう政策をとるかよりも､他国がどういう政策をとってくるかに力点が移動する。何が国際的な貢献であるかは、他国がどう考えるかに依存するからだ。内部変数化についていえば、一度内部化した変数を反省するという課題に対して、日本は国際貢献という別の目的を立てて、そこから他国の変数化の様相を観察する、という形で答えを与えたことになる。

京都議定書の際に日本は過剰な排出削減目標を飲まされたという感覚も根強く存在するが、それもこの答えの形式による効果である。他国がどう出てくるのかを観察しながらバランスをとらなくてはならないので、どうしても後手に回ってしまう。アメリカが交渉のテーブルに着くように最後まで努力した上で、最終的には議定書から離脱する結果になった背景には、そうした事情もある。自己決定したことにしきれず、煮え湯を飲まされたかのように思ってしまう社会的な感性も同じだ。

> 日本はブッシュ政権の「後悔しない戦略」に追従するか、それとも具体的な排出目標を要求するヨーロッパに追従するのかを決定しなければならなかった。〔気候変動枠組条約に先立つ〕第一回国際交渉委員会まで、日本はドイツと同じく国内でCO_2の抑制に自ら取り組んでいたのに、合衆国と同様に厳格な削減義務への反対を表明した。国内的には排出削減目標に取り組んでいながら国際交渉では合衆国側につくという、日本の曖昧な態度はその後も繰り返された。
>
> (Schreurs 2002=2007: 119〔 〕内は筆者による補足)

躓きの石は交渉の中にではなく、交渉の前に立てた問いと答えの形式にあった。

7 戦後日本と気候変動

戦後の日本社会は、国際的な問題に対する自国の方針を、国際社会の反応に照らして自己決定したことにするというねじれを抱えてきた。

一番端的な例は軍事的安全保障だろう。戦争放棄と戦力の不保持を定める憲法九条の下に、表向きは軍隊を持たずに、自衛隊と日米安保という合わせ技で、極東における軍事力を維持してきた。また、原子力の是非という点でいえば、アメリカの核の傘の中で冷戦構造の一翼を占めながら、世界で唯一の被爆国として非核三原則を掲げ、核兵器の廃絶を訴えてきた。どちらも本音と建前という決まり文句が空々しく聞こえるほどに、あからさまに欺瞞であり、その実、日本国民の切実な願いを反映したものでもある。

その意味で、気候変動政策はポスト冷戦の産物である。問題に正面から直接立ち向かうのではなく、国際社会という鏡に映る光の中で、それがどういう問題か、それをどう解決するかの両面で負担を軽減している。

軍事的には、アメリカが作り出す軍事ネットワークの中にいながら、アメリカと中国という二つの超大国がぶつかる極東地域で、それこそ自国の存亡と国民の安全をかけてうまく立ち回らなくてはならない。気候変動政策でも、日本社会が気候変動をどういう問題だと考えているのかも、どういう形で解決に貢献しようとしているのかも、はっきりさせることなく、あたかもアメリカとヨーロッパの間を取り持つことができるかのような振る舞いをしてしまう。あえてはっきりさせないことで、複数の問いと答えの形式を優先順位を決めずにあいまいに揺らしながら、斜めから観察して決めたことにする。典型的に戦後日本的なやり方だ。

だとすれば、日本の政策的態度が変化し、気候変動政策の分野において主導的な役割を果たせるかどうかという問題についても、通常考えられているような方法で答えを出すことは難しいだろう。高い削減目標を掲げることによって国際社会から賞賛を得るということは起きるかもしれない。それこそ、京都議定書がそうであったように。けれども、主導的な役割というのが社会や経済と環境の在り方を関係づけ直すという意味を含むのであれば、国際社会というクッションをおいて問題を間接化し、できるだけ直視することを避けて生きてきた、私たちの戦後日本の在り方そのものが問われることになる。問われているのは気候変動政策ではなく、私たち自身なのだ。

東京の夏を覆うあの熱い空気は、上空に在日米軍が設置した制空権を通してやってくる。これもまた戦後日本が織りなしてきた襞の一つである。

【コラム……8】

大きな物語より小さな思考の積み重ねを

池田和弘

ルーマンからもう一つ。『目的概念とシステム合理性』の中でルーマンはこんなことを言っている。「いくつかの結果の組み合わせを目的として設定してみても、それほど議論が進むわけではない。というのは、そのように設定してしまうと、目的が持っていた索出機能がうまくはたらかなくなるからだ。……『公共の福祉』を目的として考えることができないのは、このためである」（二二六頁）。

気候変動は社会のあり方を根底から考え直させるところがある。情報化した産業社会の先に、どのような社会を構想しうるのか。環境に優しく、人に優しく、誰もが笑顔でいられるような社会。そんな夢の社会を語ることはたしかに心地よいが、その反面、そこで思考停止している節もある。それよりも、一つ一つの分岐の問題／解決の形式と副次的効果を、その複数的な意味連関を考察すること。すべてを一遍になんとかしようとしても難しい。人間は神様ではないのだから、複雑な社会の中で順繰りに考えていくしかない。

逆にいえば、だからこそ、複雑な社会で考えることができる。ルーマンはこう言う。「事態の総体を包括するような完全な価値コンセンサスを立てる必要はないのである。ある程度複雑な決定過程の中で人々の協働を組織することがそもそも可能となるのは、まさにこのゆえになのである」（一九八頁）。

参考文献

ルーマン、N　一九九〇『目的概念とシステム合理性』馬場靖雄・上村隆広訳、勁草書房。

終章 脱炭素社会への転換を
パリ協定採択を受けて

長谷川公一

1 パリ協定採択の画期的意義

二〇一五年一二月一二日、気候変動枠組条約締約国パリ会議（COP21）で、世界の一九五か国とEUが「パリ協定」を採択した。本書の執筆者の中で、佐藤圭一氏と私は、現地でこの歴史的瞬間をまのあたりにした。国連サイトの動画資料[*1]でも確認できるように会場は温暖化会議の歴史上これまでにない高揚感と達成感に包まれていた。

本章では、二〇一一年三月の東京電力福島第一原発事故とパリ協定採択を契機として、気候変動問題とエネルギー問題をめぐって世界はどう変わろうとしているのか、パリ協定採択の意義をまず確認する。その上で、日本の気候変動政策とエネルギー政策を概括しつつ、福島原発事故の当事国であり、パリ協定の基礎となった京都議定書を生んだ京都会議の開催国であるにもかかわらず、日本の政策がなぜ硬直的なのかを検討する。

一九九七年の京都会議（COP3）では、先進国は、各国ごとに二〇〇八年から一二年までの五年間の温室効果ガスの削減目標（法的拘束力を持つ）を定めたが、それは先進国に相当する附属書Iに明記された先進国四〇か国（批准しなかったアメリカと二〇一二年に離脱したカナダを含む）に限られていた。

パリ協定では、途上国を含むすべての国が、①平均気温の上昇を産業革命前と比較して十分に二度以内に抑える、さらに一・五度未満になるよう努力する（協定第二条）、②二一世紀後半に温室効果ガスの排出量と吸収量をバランスさせる（実質の排出をゼロにする、第四条一項）、③継続的に削減に努め、次期の目標はそれまでの目標と比べて後退することなく、進捗を示すこととする（第四条三項）、④協定の目標達成の進捗状況、世界全体での実績評価（global stocktake）を、二〇二三年以降、五年ごとに定期的に確認する（第一四条）、⑤途上国への財政支援などに合意した。

画期的な意義を持つ長期的な枠組みができあがった。京都議定書と異なって、各国の削減目標自体には法的な拘束力がないなどの限界はあるが、現状で求めうる最大限の内容となったといってよい。アメリカ議会の下院では共和党が多数を制しているために、法的拘束力のある削減目標という形態をとった場合には、議会の承認を得る見通しが立たないからである。

世界は、従来の「低炭素」という概念を越えて、「脱炭素化（decarbonizing）」「脱炭素社会（decarbonizing society）」への転換をめざすことに合意したといえる。パリ協定を機に、化石燃料時代の終焉、再生可能エネルギーの急成長、排出量取引をはじめとした炭素市場の拡大などが予想されている。

二〇〇九年一二月のコペンハーゲン会議（COP15）も、京都議定書の第一約束期間が終了する二〇一三年以降の国際枠組みに各国が合意できるか、大きな期待を集めていた。しかしコペンハーゲン合意（accord）という文書はつくられたものの「コペンハーゲン合意に留意する」という表現にとどまり、国際社会の失望を招いてしまった。

今回のパリ会議は、何重もの意味で失敗の許されないものだった。

第一は、コペンハーゲン会議に続いて内容のある国際的な合意が成立しないことは、全世界の合意を要する気候変動枠組条約締約国会議（COP）という枠組み自体への信頼を失わせ、国際的合意づくりの根幹に関わる信頼性そのものが損なわれかねないからである。二〇一四年九月の国連特別総会ではじめて気候変動問題をテーマとする「気候サミット」が開かれるなど、今回は前年から周到に準備が進められた。パリ会議までの一年間、フランスのファビウス議長と国連気候変動枠組条約事務局のフィゲレス事務局長は精力的に主要関係国を訪問した。

第二に、議長国フランスにとっては、直前の一一月一三日に起こったパリ同時多発テロを政治的にのりこえるためにも、パリでの合意が不可欠だった。閉会直後の一二月一三日は、フランスの地方選挙の投開票日でもあった。極右勢力の台頭を許さないためにも各国代表団やメディアから評価されるような内容の協定採択が必要だった。

第三に、任期をあと一年残すばかりのアメリカのオバマ政権も、政権の遺産として高いレベルでの合意を望んでいた。ケリー国務長官は、パリ会議の後半パリにとどまって、サウジアラビアなど産油国の説得に努めた。

2 京都議定書第二約束期間からの離脱——日本政府の消極姿勢の要因

パリ会議の会期中、シャルル・ドゴール空港にはwelcomeを意味する主要一〇か国の言葉が表示されていたが、日本語の表記だけは、京言葉で「おいでやす」となっていた。気候変動枠組条約事務局の京都議定書に対する大きな敬意を物語るものといえよう。このことに象徴されるように、京都議定書はパリ協定の基礎をなすものであり、京都議定書あってこそのパリ協定といえる。

しかし開会初日の首脳会合のスピーチで安倍晋三首相は「今から一八年前、地球温暖化対策の重要な一歩となる京都議定書が採択されました」とわずかながら言及したものの、会議二週目の大臣級会合の演説で丸川珠代環境大臣は、京都議定書に一言も言及しなかった。[*2] 京都会議の開催国として、京都議定書が果たしてきた役割を日本政府は国際社会に大いに誇っていいはずであるにもかかわらず、首相も環境大臣も京都会議（ＣＯＰ３）における議長国日本の役割と貢献には触れなかった。京都会議の議長だった大木浩元環境大臣はパリ会議目前の一一月一三日に八八歳で逝去した。本来であれば、逝去からまもない大木元議長の貢献に言及しつつ、故人もパリ会議の成功を願っていたのだと述べるのが、国際会議で期待される外交の作法であろう。気候変動枠組条約事務局のお膳立てにもかかわらず、日本政府は気候変動外交での格好のアピール機会を逃してしまった。会議場内の日本館の展示でも、京都会議に関する言及はなかった。[*3] なぜなのか。気候変動枠組条約事務局の敬意とは対照的に、当の日本政府が、京都会議も京都議定書も大木元議長の貢献も、あたかも忘れたい過去のように扱っているのは、なぜなのか。

それは日本が、民主党政権時代の二〇一一年一二月のダーバン会議（ＣＯＰ17）の際、二〇一三年以降の京都議定書の第二約束期間への不参加を表明したためである。指摘されることは少ないが、第二約束期間への不参加決定は、民主党政権時代の大きな政治的失策の一つだった。

民主党政権は二〇〇九年八月の総選挙の結果を受けて誕生したが、総選挙での主要なマニフェストの一つは、九〇年比で、二〇二〇年に温室効果ガスを二五％削減するという野心的な目標だった。しかし民主党政権は、十分な検証もないままに、事業仕分けで気候変動関連予算を唐突に大幅に削減するとともに、二〇一〇年のカンクン会議（ＣＯＰ16）では京都議定書の延長に反対した。政権についてのちは、地球温暖化対策基本法の制定を意図したものの、それ以外はとくに積極的な政策を示していない。地球温暖化対策基本法案も自公との調整がつかず廃案となった。気候変動対策への大きな期待を受けて誕生したにもかかわらず、民主党政権の気候変動対策は一貫性を欠き、たちまち失速した。二〇一二年一二月に成立した安倍政権も、気候変動対策については基本的には消極的な姿勢を取り続けている。

第二約束期間に参加しなかった公式の理由は、京都議定書が先進国のみに削減目標を課しており不平等だからというものである。とくに世界の二酸化炭素の二六％を排出する中国や、一六％を排出するアメリカ（二〇〇一年に第一約束期間から離脱し、批准しなかった）などが削減義務を課されていないことを不満としている。第二約束期間にはロシア、ニュージーランドも参加していない。

第一約束期間の削減目標が達成できないことを前提に（後述のように実際は達成した）、第二約束期間での削減目標へのペナルティを怖れた面もあろう。[*4]

しかし第二約束期間に参加しなかったことによって、日本政府は、国際社会において気候変動対策に消極的な国と見なされるようになり、京都会議以来の気候変動外交での国際的な発言力を大きく低下させることになった。パリ会議も含め、ＣＯＰ16以降の気候変動枠組条約締約国会議で日本は顕著な役割をはたしていない。

パリ会議で日本がもっともこだわったのは、協定の発効要件を厳格にすることだった。結局日本側の主張に添うかたちで、京都議定書と同一の発効要件となった。世界の総排出量の五五％以上を占める、五五か国以上の国が批准することという要件である。主要な排出国にフリーライド（抜け駆け）されたくないという姿勢だけが目立った日本の交渉姿勢だった。

パリ会議での日本側からの京都議定書や京都会議に関する言及の乏しさは、日本政府の手詰まり感の例証といえる。

第二約束期間への不参加は、法的拘束力を持つ国際公約がなくなったことを意味し、国内における削減目標の根拠を失わせることになった。

二〇一〇年のカンクン会議（COP16）までの日本の削減目標は、すべての主要排出国の参加を条件に、二〇二〇年までに九〇年比で二五％削減という、民主党のマニフェストどおりの意欲的なものだった。福島原発事故と政権交代を経て、第一約束期間（日本は会計年度に対応して二〇一二年度までが第一約束期間だった）が過ぎた二〇一三年四月一日以降は削減目標も定まっていないという悲惨な状態となった。二〇一三年一一月にようやく新たな中期目標が掲げられたが、二〇二〇年度までに二〇〇五年度比で三・八％削減（九〇年比で三・一％の増加）へと大幅に後退したものだった。この値は、日本に関して、アメリカ・オーストラリアと同様に、九〇年比で二〇二〇年までに二四％減を期待するというEU委員会による目標値に比べて三〇％も乖離している（明日香 二〇一五：七八）。

福島原発事故の影響で多くの原子力発電所が停止し電力需給が逼迫、気候変動問題への社会的関心は大幅に低下した。本書の図3-1（六三頁）が示すように、日本の新聞報道件数も減少した。日経・

読売もほぼ共通の傾向にあるが、朝日新聞の場合、洞爺湖サミットが開催された二〇〇八年の年間約二〇〇〇件をピークに、一一年以降は約五〇〇件前後であり、四分の一に激減した。

地方自治体レベルでも、第二約束期間への不参加決定後、気候変動問題への意欲の低下、関連事業の予算削減などが目立っている。

3 京都議定書目標達成のからくり

二〇〇七年度まで日本の温室効果ガス排出量は微増傾向にあったために（図9‐3参照）、九〇年度比六％削減という京都議定書の目標達成は困難視されてきた。二〇〇七年度は九〇年度比で八・六％も増加していた。結果的には、日本は京都議定書の目標を達成することができた。二〇一三年一一月二〇日に石原伸晃環境大臣（当時）が速報値に基づいて発表し、二〇一四年四月一五日付けで確定値に基づいて環境省が発表した。ただし環境省やメディアがそのことを強くアピールしていないせいもあって、日本が京都議定書の目標を達成したことは一般市民には十分伝わっていない。

メディアがこれらをベタ記事扱いに止め、大きく報じなかったのは、第二約束期間に参加しておらず、政府、環境省やメディアの熱意が冷めかけていたこととともに、目標達成自体に次のようなからくりがあったからである。

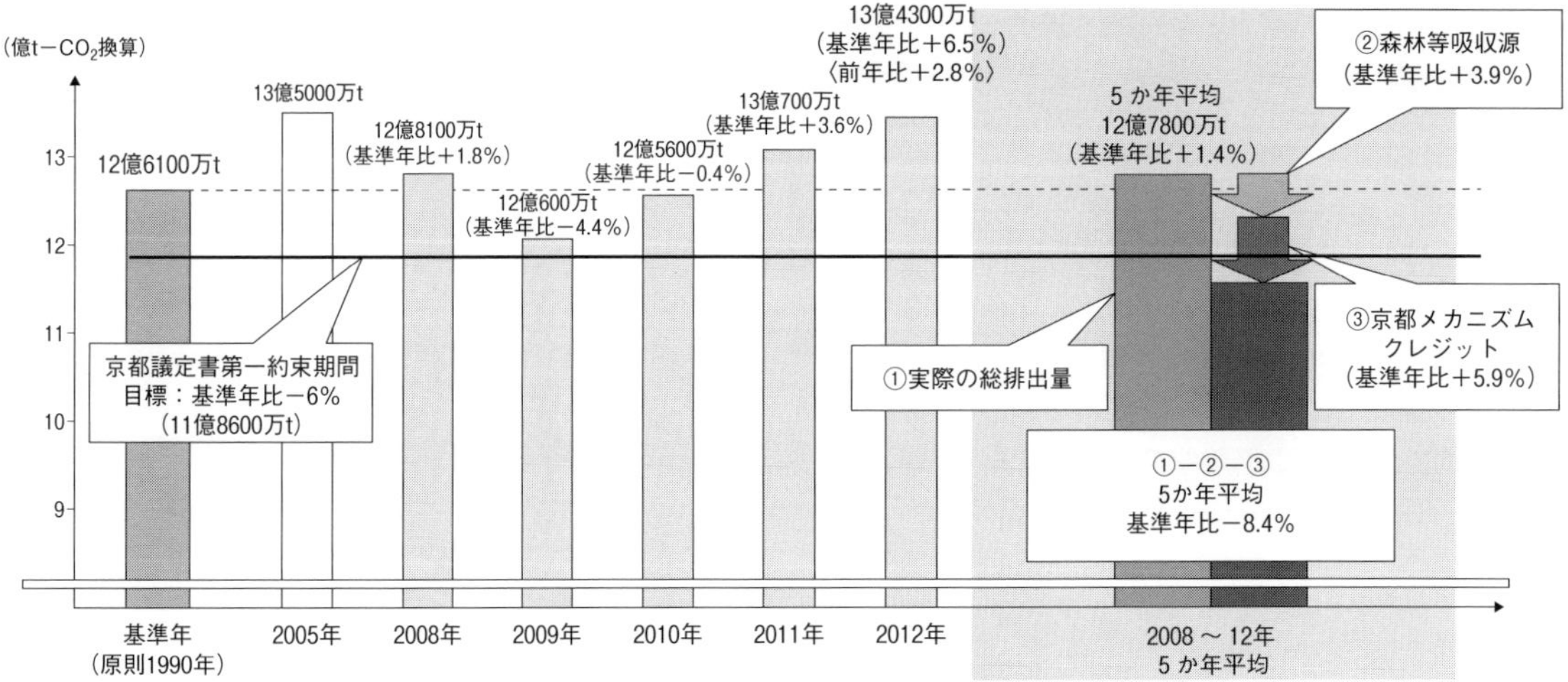

図 9-1　日本の温室効果ガス排出量と京都議定書の目標達成状況

出所：環境省（2014：13）をもとに一部改変。

図9-1には、第一約束期間の二〇〇八年度から一二年度までの温室効果ガスの排出量が示されている。〇八年度から一二年度までの実際の排出量は、平均値で一二億七八〇〇万トン、基準年の九〇年に比べて一・四%増加している。しかし当初から京都議定書の規定によって、日本は九〇年比で、森林等吸収源で三・九%分、海外からの排出権のクレジット購入分で五・九%分、計九・八%分を削減量に加えることが認められていた。実質一・四%増に対してマイナス九・八%だから、基準年比八・四%減とみなされ、六%削減の目標をクリアーしたことになる（図9-1の右側）。

図9-1の中で、二〇〇九年度と一〇年度は、基準年をわずかながら下回ったことを示している。二〇〇七年度は一三億六九〇〇万トンで過去最大だったが、二〇〇八年度は一二億八一〇〇万トンで前年比六・四%も下がっていた。この三年間の落ち込みは、二〇〇八年秋からリーマンショックの影響で景気が低迷したことによるものである。

前述の森林吸収量とクレジット購入分を加味すると、六%削減の目標達成のための年間の排出量の上限は一三億二二三万トンとなる。二〇一一年度はわずかながら、一二年度は大きく、これを上回っていた。図9-1が示しているように、京都議定書の目標が達成できたのは、さまざまな国内対策が有効に機能したからというよりはむしろ、二〇〇八年度から一二年度の景気低迷に助けられたためである。皮肉にも、景気低迷こそがもっとも有効な気候変動対策といえそうだ。

4 他の先進国は京都議定書の目標をどの程度達成したのか

では日本以外の先進国は第一約束期間に京都議定書の目標をどの程度達成したのだろうか。この点も環境省がアピールしていないこともあって、日本のメディアはほとんど報じていない。いったい何か国が目標を達成したのか。附属書I国全体の排出削減に京都議定書はどの程度貢献したのか。筆者は京都議定書の目標達成と政策効果に関するもっとも基本的なこれらの情報を明示した日本の新聞報道を発見することができなかった。

表9-1と図9-2、図9-3は、国連の気候変動枠組条約事務局のデータをもとに国立環境研究所温室効果ガスインベントリオフィス（二〇一四a、二〇一四b）が公表した国別・年次別のデータから筆者が作成したものである。表9-1は見やすいように附属書I国の中で排出量の多い九か国とEU全体について、年次も一九九〇年と二〇〇五年、一二年に限定し、排出量の多い順に示した。図9-2は、附属書I国全体とアメリカ、EU一五か国、ロシアの一九九〇年から二〇一二年までの排出量の推移をグラフ化した。同様に図9-3は、日本、ドイツ、イギリス、カナダ、オーストラリアについてグラフ化したものである。

日本国内では京都議定書の目標達成に日本は健闘したというイメージが強いが、オーストラリアと

温室効果ガス総排出量[1]と京都議定書達成状況

I 国全体に占める割合（2012 年）	京都議定書目標値[3,4]	京都議定書達成状況（排出量のみ）	京都議定書達成状況（最終[5]）	
38.1%	− 7.0%			批准せず
21.2%	− 8.0%	− 11.8%	− 12.5%	○
26.7%				
5.5%	− 21.0%	− 23.6%	− 24.7%	○
3.4%	− 12.5%	− 23.1%	− 22.5%	○
2.7%	− 6.5%	− 4.2%	− 5.4%	×
2.9%	0.0%	− 10.0%	− 6.5%	○
13.5%	0.0%	− 32.7%	− 34.5%	○
7.9%	− 6.0%	1.4%	− 8.4%	○
4.1%	− 6.0%			離脱
3.2%	8.0%	− 1.0%	3.3%	○
100.0%				

注 3：京都議定書採択時は EU15 か国だった。EU は加盟国全体として共同での目標達成（90 年比 − 8.0%）が認められている。
注 4：ドイツ・イギリス・イタリア・フランスの目標値は EU による再配分値。
注 5：森林等吸収源、京都メカニズムクレジットを加味した達成状況。

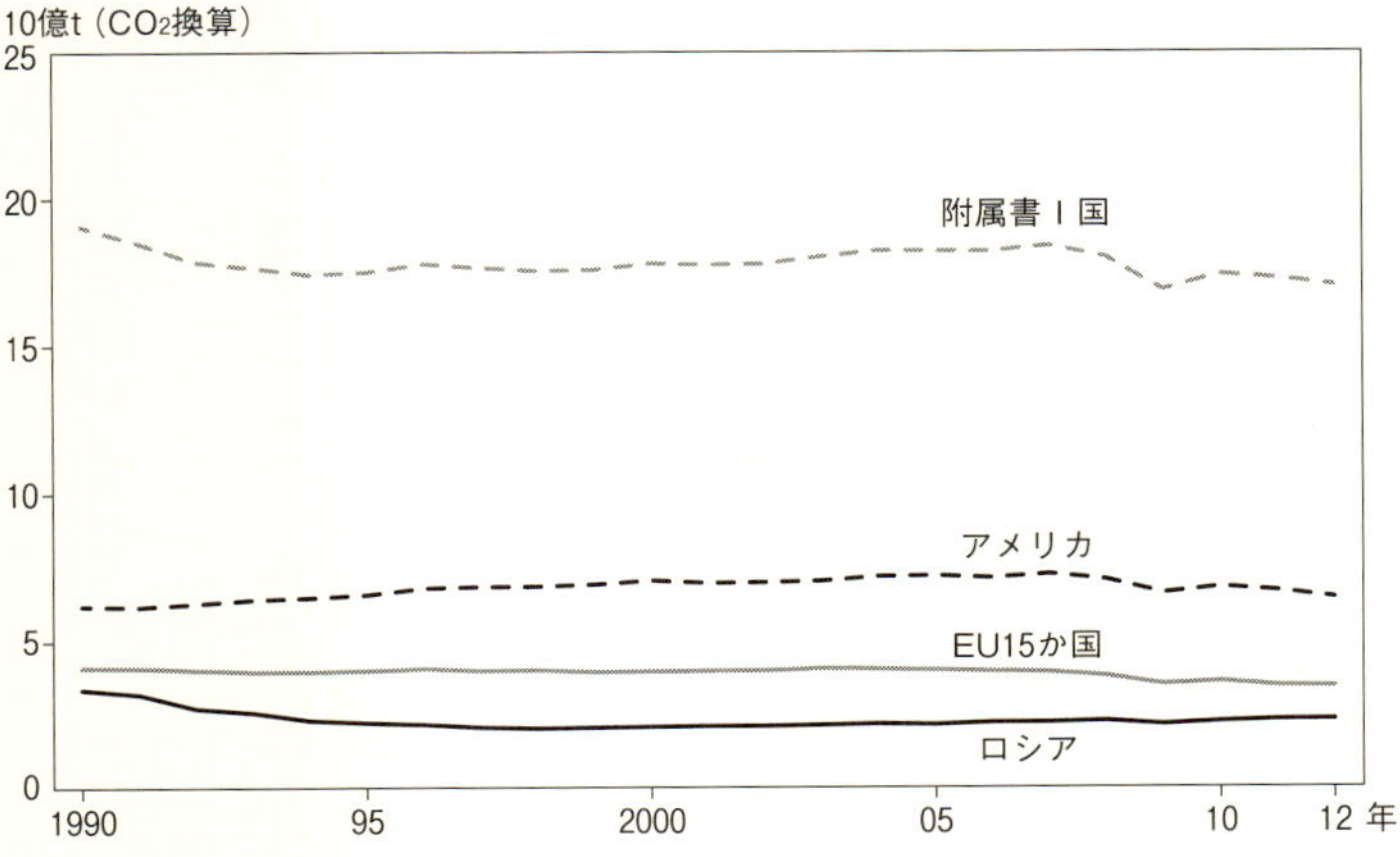

図 9−2　温室効果ガス排出量の推移（1990 〜 2012 年）
出所：国立環境研究所温室効果ガスインベントリオフィス（2014b）に基づいて作成。

表 9 − 1　主要附属書Ⅰ国の 1990 年、2005 年、2012 年の

国　　名	1990 年[2]	2005 年	（1990 年比）	2012 年	（1990 年比）
アメリカ	6,219.524	7,228,293	16.2%	6,487,847	4.3%
EU15 か国	4,262.100	4,183,083	− 1.9%	3,619,471	− 15.1%
EU28 か国	5,626.260	5,178,201	− 8.0%	4,544,224	− 19.2%
ドイツ	1,248,049	994,460	− 20.3%	939,083	− 24.8%
イギリス	778,805	678,253	− 12.9%	584,304	− 25.0%
イタリア	519,055	574,262	10.6%	460,083	− 11.4%
フランス	560,384	563,577	0.6%	496,221	− 11.4%
ロシア	3,363,342	2,135,398	− 36.5%	2,295,045	− 31.8%
日本	1,234,320	1,350,321	9.4%	1,343,118	8.8%
カナダ	590,908	735,829	24.5%	698,626	18.2%
オーストラリア	414,974	523,479	26.1%	543,648	31.0%
附属書Ⅰ国合計	19,064,634	18,194,110	− 4.6%	17,038,743	− 10.6%

出所：国立環境研究所温室効果ガスインベントリオフィス（2014a、2014b）に基づいて作成。
注１：単位は千 t（CO_2 換算）。森林等吸収源、京都メカニズムクレジットを含まない。
注２：気候変動枠組条約基準年値。京都議定書基準年値とわずかながら値が異なる。

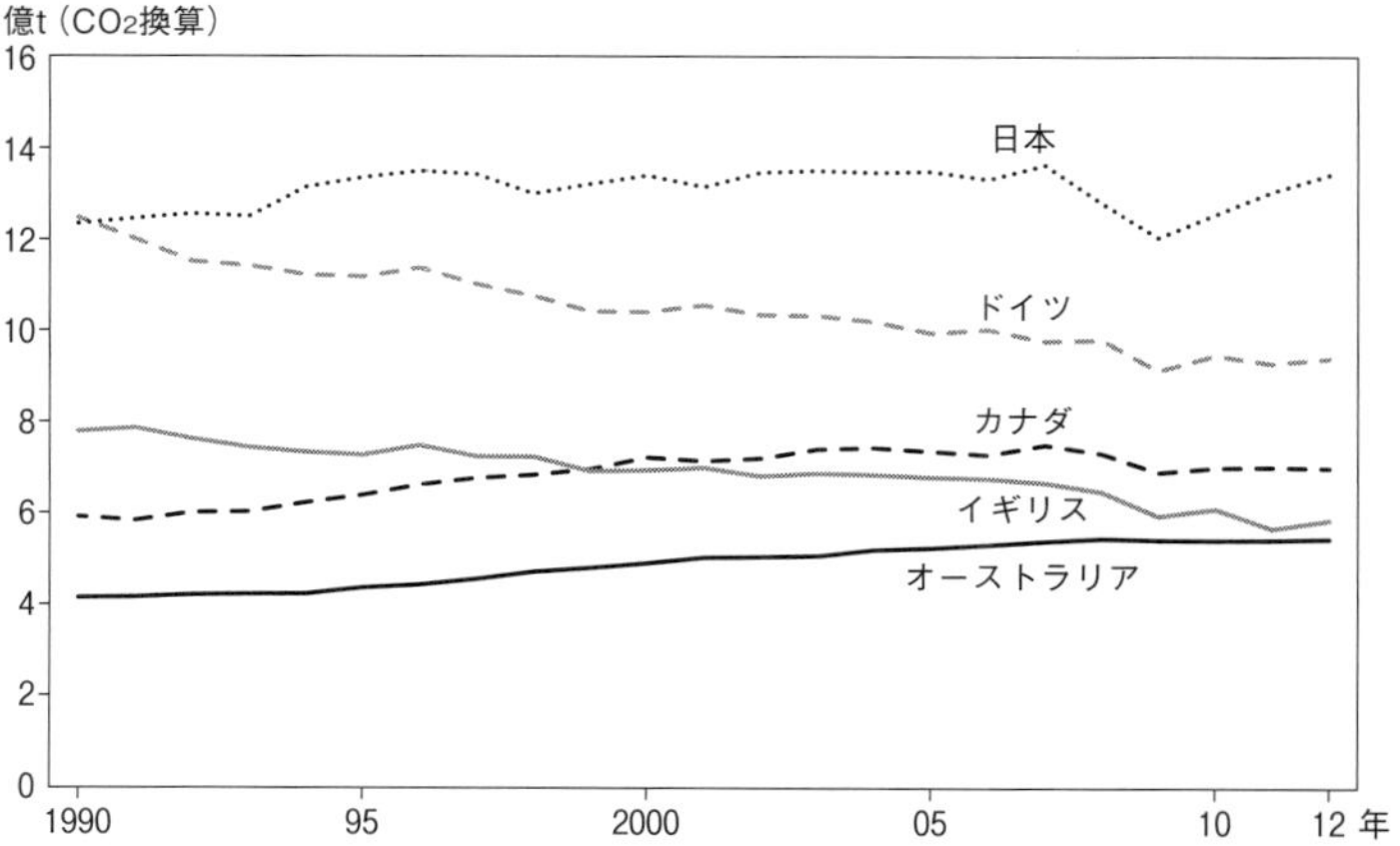

図 9 − 3　主要国の温室効果ガス排出量の推移（1990 〜 2012 年）
出所：国立環境研究所温室効果ガスインベントリオフィス（2014b）に基づいて作成。

カナダの成績が悪いものの、アメリカを含め多くの国が成果を上げたことがわかる。特筆すべきことは、①図9-2のように、附属書I国四〇か国全体で総排出量（森林等吸収源や京都メカニズムによるクレジット購入分を含まない、いわば純然たる排出量）が九〇年比で、二〇一二年までに一〇・六％も減少したことである。九〇年代後半以降増加傾向にあったものの、二〇〇七年をピークに総排出量が減少しつつある。リーマンショック後の景気後退にも助けられて、とくに二〇〇八〜一二年の第一約束期間の排出削減が顕著である。②削減割合がもっとも大きいのは、総排出量ベースでも、森林等吸収源や京都メカニズムによるクレジット分を考慮してもロシアである。③温暖化外交を牽引してきたEUは、拡大した二八か国では九〇年比一九・二％、旧一五か国でも一五・一％と削減割合が大きい。とくに総排出量でみるとドイツの二四・八％、イギリスの二五・〇％（二〇一二年）の削減が顕著である。④日本とドイツは九〇年時点での排出量はほぼ同じだったが、ドイツが順調に排出量を削減させ続けたのに対して、日本は二〇〇七年まで微増傾向にあった。二〇一二年時点では、ドイツは日本の七割の排出量である。

⑤二〇〇一年に京都議定書から離脱を決定し、批准しなかったアメリカは、気候変動について悪名が高いが、総排出量で九〇年比四・三％の増大にとどまっており、八・八％増大した日本よりもむしろ好成績である。この点も日本では認識されていない。⑥京都議定書のもとで国別目標を掲げた三六か国（アメリカ・カナダを除く）の中で、最終的に京都議定書の目標を達成できなかったのはオーストリ

ア、ベラルーシ、イタリア、リトアニアの四国のみである（表9‐1では略されている）。ただしオーストリア、イタリア、リトアニアはEU二八か国に含まれ、EU全体として目標達成したとみなされる。厳密な意味で、附属書Ⅰ国の中で目標達成できなかったのは唯一ベラルーシのみである。それも七・五％削減の目標に対し、七・一％の削減にとどまったというものであり、とどかなかった値は〇・四％にすぎない。⑦総排出量の削減に成功していない主要国の代表は、オーストラリア（三一・〇％増）とカナダ（二四・五％）である。図9‐3のように、カナダは〇七年がピークで、〇八年以降は漸減している。オーストラリアは漸増傾向にある。

日本はかろうじて目標達成に成功したものの、国際的にみると、とくに健闘が目立つというわけではない。京都議定書の目標達成に国内のメディアの関心や社会的関心が乏しいのは、このように国際的にみても日本の排出量削減の成果が限られていたことに規定されていよう。

アメリカ・カナダを除く、京都議定書のもとで国別目標を掲げた附属書Ⅰ国三六か国のほとんどが京都議定書の目標達成に成功したことは高く評価されるべきである。フィゲレス気候変動枠組条約事務局長がしばしば強調するように、京都議定書は、先進国全体の排出削減に大きく貢献した。このような基礎があったからこそ、一九五か国とEUが削減に同意したパリ協定の採択も可能となったのである。日本政府や政治家、メディア、産業界、一般の日本国民が、表9‐1、図9‐2、図9‐3に示したような国際的な事実を直視することなく、京都議定書がはたした役割を認識していないのは、きわめて残念なことである。「京都議定書は世界全体の排出量の二七%しかカバーしていない、公平性、実効性に欠ける枠組であ」るというのが、日本政府の対外的な公式の評価である（外務省二〇一〇）。

5 パリ会議に向けた二〇三〇年の削減目標

パリ会議を前に、二〇一五年七月一七日、日本政府は二〇三〇年度までに一三年度比で二六・〇%削減という新しい目標、「日本の約束草案」を提出した。これは九〇年度比では一七・四%減、〇五年度比で二五・四%減を意味する。しかし削減目標が小さすぎるという批判とともに、〇七年度に次いで二番目に排出量の多かった一三年度を基準年にすることで、削減量の見かけを大きくしているという批判を浴びた。また第四次環境基本計画（二〇一二年四月策定）では「長期的な目標として二〇五〇年までに八〇%の温室効果ガスの排出削減を目指す」としていたが、三〇年度に一三年度比二六・〇%削減では、二〇五〇年のこの目標達成は絶望的である。三〇年度以降の大幅な削減に甘い期待を抱いて、問題を先送りしているといえる。

二〇一五年七月までに提出された主要国の約束草案をまとめると表9－2のようになる。パリ会議では京都議定書とは異なって各国の自主申告制になり、二〇三〇年が多いものの目標年も、基準年や基準の取り方も、ばらばらである。しかも各国の数値目標自体には前述のように法的拘束力がない。

表9－2　主要排出国の約束草案にみる温室効果ガス削減目標

区分	国・地域	削減目標	CO_2 等排出量シェア（2010年）
先進国	米国	2025年に2005年比26～28%削減	14%
	EU	2030年までに1990年比少なくとも40%削減	10%
	ロシア	2030年までに1990年比25～30%削減	5%
	日本	2030年に2013年比26%削減	3%
途上国	中国	2030年までにGDP（国内総生産）当たり2005年比60～65%削減（排出量は2030年頃がピーク）	22%
	インド	2030年までにGDP当たり2005年比33～35%削減	6%
（参考）上記の国・地域の排出量シェア合計			60%

出所：みずほ総合研究所（2015）。

さらに問題なのは、これらの目標を足し合わせても、地球全体の気温上昇を二度以下に抑えるという目標には不十分なことである（二〇一五年一〇月三〇日付での国連気候変動枠組条約事務局の発表）。

表9－2で注目されるのは、二八か国全体として三〇年までに九〇年比で四〇％削減（海外クレジット購入分を含まない）を掲げるEUである。EUは、二〇年までに九〇年比で二〇％削減（海外クレジット購入分を含む）という目標値から前進させ、IPCCの掲げる五〇年までに先進国全体として八〇～九五％削減という要請に応えようとしている。EU二八か国は、①前述のように九〇年比ですでに一九％の温室効果ガス削減を達成しているが、この時期にGDPが四四％以上成長しており、排出量の増大と経済成長を切り離す（デカップリング）ことに成功している。②EU二八

か国の平均の一人あたり排出量は、九〇年に一二トン（二酸化炭素換算、以下同）だったが、一二年には九トンに減っている。三〇年には六トンになると予測されている。それに対して日本の一人あたり排出量は九〇年に約一〇トンだったが、以降漸増している。

ＥＵの中でもとくにドイツは、九〇年比で、二〇年までに四〇％削減、三〇年までに五五％削減、四〇年までに七〇％削減、五〇年までに八〇〜九五％削減を掲げている（OECD/IEA 2013）。ドイツは福島原発事故を契機に、二〇二二年末までに原発全廃を決定した。ドイツのエネルギー政策転換（Energiewende（英語の energy policy shift にあたる））の柱は、エネルギー効率利用と再生可能エネルギー利用の促進である。エネルギーの効率利用については、二〇〇八年と比較して、二〇年までに一次エネルギー消費の二〇％削減、五〇年までに五〇％削減を目標としている。電力消費量は〇八年と比較して、二〇二〇年で一〇％削減、二〇五〇年で二五％削減を目標としている。二〇三〇年までに電力の五〇％を再生可能エネルギーでまかなおうとしている（ドイツでは電力供給に占める水力発電の割合は三％程度にとどまる）。最終エネルギー消費については二〇年までに一八％を、三〇年までに三〇％を、四〇年までに四五％を、五〇年までに六〇％を再生可能エネルギーで供給しようとしている。ドイツはこのように脱炭素化と脱原子力、エネルギー効率利用と再生可能エネルギー利用の促進による政策転換を明確に掲げている。日本とドイツの気候エネルギー政策の比較研究としては、シュラーズ（Schreus 2002=2007）、渡邊（二〇一五）、吉田（二〇一五）がある。

6 省エネと再生可能エネルギーで原発はゼロにできる
――長期エネルギー需給見通しの読み解き方

日本政府が二〇一三年一一月に発表した二〇年度までに〇五年度比で三・八％削減という目標値と、一五年七月に発表した三〇年度までに一三年度比で二六・〇％削減（〇五年度比で二五・四％削減）という目標値は並列されている。二〇年度までの削減目標には原子力発電の稼働に伴う削減効果は含まれていない（「地球温暖化対策計画（案）」八頁）。つまり原発の再稼働の見通しが不透明な向こう数年間ではわずかな削減しかできないが、原発の再稼働を前提にした二〇三〇年度までには大きな削減が可能だという計画になっている。

第六章で詳述しているように、日本では気候変動問題が焦点となった当初から、気候変動問題は原子力発電と連結されてきた。しかし温室効果ガスの大幅な削減のためには、本当に原子力発電が不可欠なのだろうか。政府発表のデータを批判的に読み解いてみよう。

「日本の約束草案」に先だってつくられた「長期エネルギー需給見通し」では、二〇三〇年度の電力需要と電源構成は図9－4のとおりとなっている。石炭火力発電が二六％程度、天然ガス火力発電が二七％程度、原子力発電が二〇～二二％程度、再生可能エネルギーによる発電が二二～二四％程度という計画である。しかも「徹底した省エネ」で電力需要を一七％程度下げることになっている。省エネと電源構成の多様化をはかっており、一見もっともらしい。

しかし注意してみると大きな問題に気づく。省エネ分を除く、二〇三〇年度の総発電電力量は一兆二七八〇億キロワット時。一三年度の実績値九六六六億キロワット時を二一・八％も上回る。三〇年度まで年率一・七％の経済成長が続くことにともなって電力需要もこれだけ増えると仮定している。しかし三〇年までに人口は六・五～一〇・九％減ると推定されている（国立社会保障・人口問題研究所の推計）。二〇一〇～一五年の経済成長率の伸びは年率〇・七％の実績に過ぎない。ドイツが前述のように、二〇年の電力消費を八年度と比較して一〇％削減することを目標にしているのと好対照である。長期エネルギー需給見通しの三〇年度の総発電電力量はきわめて過大な需要見積もりになっているのである。

総発電電力量一兆二七八〇億キロワット時のもとで、省エネ一七％で想定されている電力量は二一七三億キロワット時。これは省エネ後（総発電電力量一兆六五〇億キロワット時）に原子力発電二〇％によって供給が想定されている電力量二一三〇億キロワット時にほぼ一致する。つまり二〇三〇年度総発電電力量一兆六五〇億キロワット時（二〇一三年度の電力量の一〇・二％増）のもとで、原子力発電分をすべて省エネで置き換えることは無理なく可能である。図９‐４から読み取れることは、①原子力発電を不可欠なものと見せかけているのは需要見通しが過大だからである。②

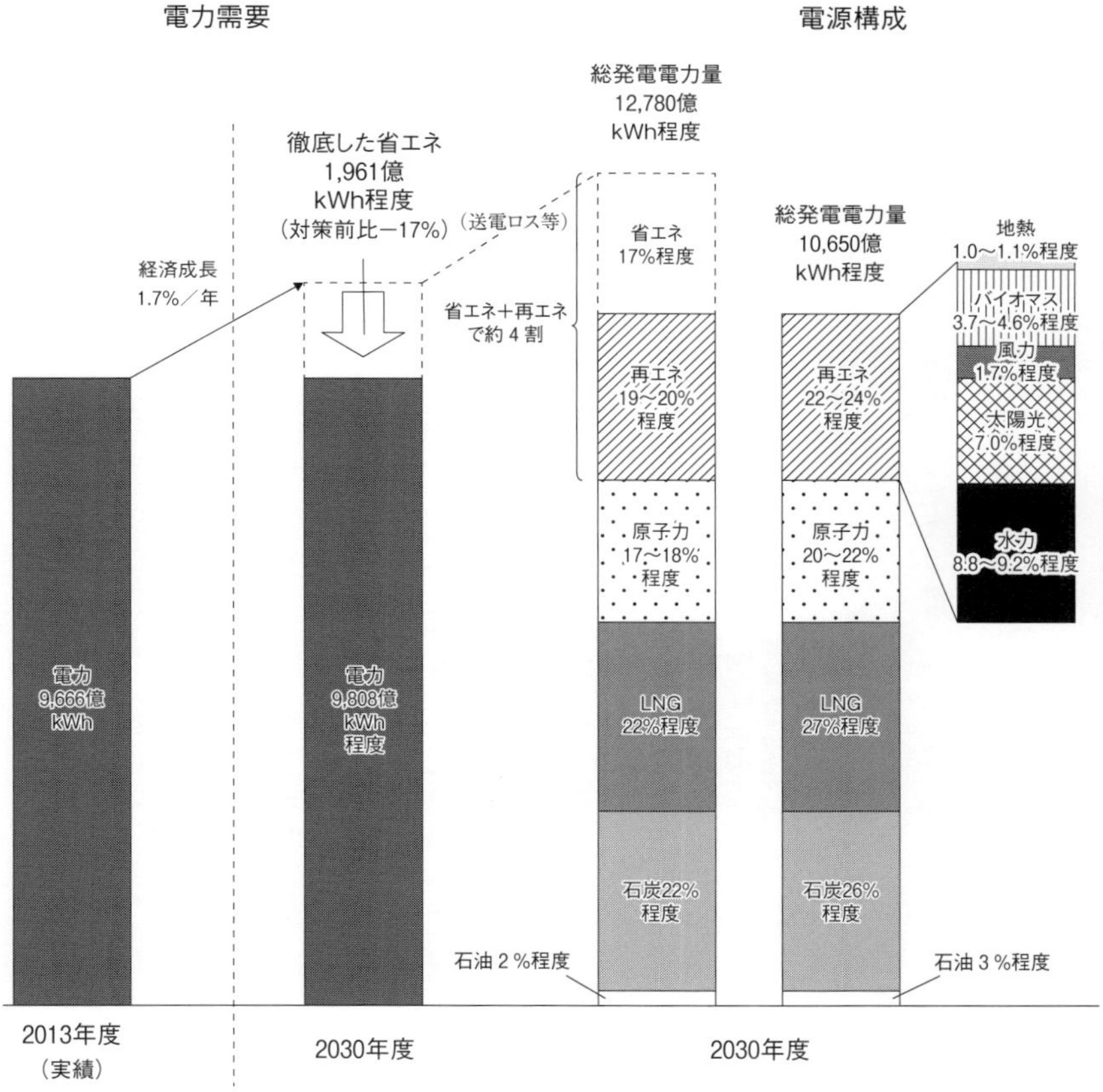

図 9-4　2030 年度の電力需要と電源構成

出所：経済産業省（2015：7）。

三〇年度の総発電電力量が一三年度と比較して一〇％程度増えたとしても、長期エネルギー需給見通しが想定している程度の省エネと再生可能エネルギーで、原発はゼロにすることができるということである。

実際、二〇一三年九月から一五年八月までの二三か月間、稼働中の原発がゼロという状態が続いたが、どこでも電力不足は生じなかった。それは原発分が火力発電によって置き換えられていることともに、省エネ・節電が定着しているからである。

図９-５のように、日本の最大需要電力のピークは二〇〇八年度の一億七八五一万キロワットだったが、一一年度以降は横ばいで安定している。一四年度は一億五六三〇万キロワット、〇八年度と比較して二二二一万キロワット、一二・四％の減少である。つまり百万キロワット原発二二基分の発電能力相当分の電力が節約されたのである。夏場などのピークカットが定着したといってよい。

図９-６のように年間をとおした需要電力量で見ても、二〇〇七年度の九二四六億八二〇〇万キロワット時が最大であり、一一年度以降は横ばいである。一四年度は八五〇八億九〇〇〇万キロワット時、年間の需要電力量は最大時の〇七年度に比べて八・〇％減少している。

図９-５では二〇二五年度の最大需要電力は、一四年度と比較して五・八％（年率〇・五％）の上昇を想定しているのみである。図９-６では二五年度の需要電力量は同様に五・四％（年率〇・五％）の上昇を想定している。図９-５と図９-６は、各地域の電力会社の需要予測を積み重ねたものである。

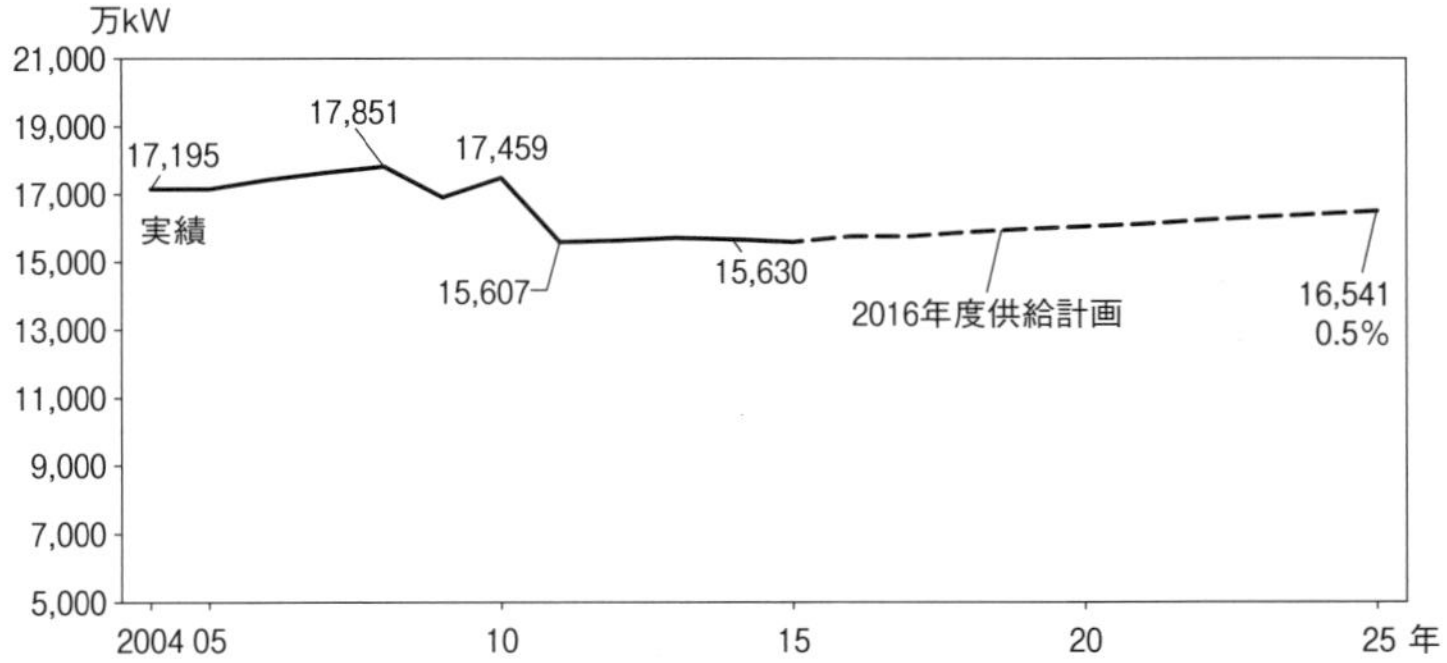

図 9－5　最大需要電力［全国合計］（送電端）

注：図中の％は 2014 ～ 25 年度の平均増減率／年を示す。
出所：電力広域的運営推進機関（2016：10）をもとに一部改変。

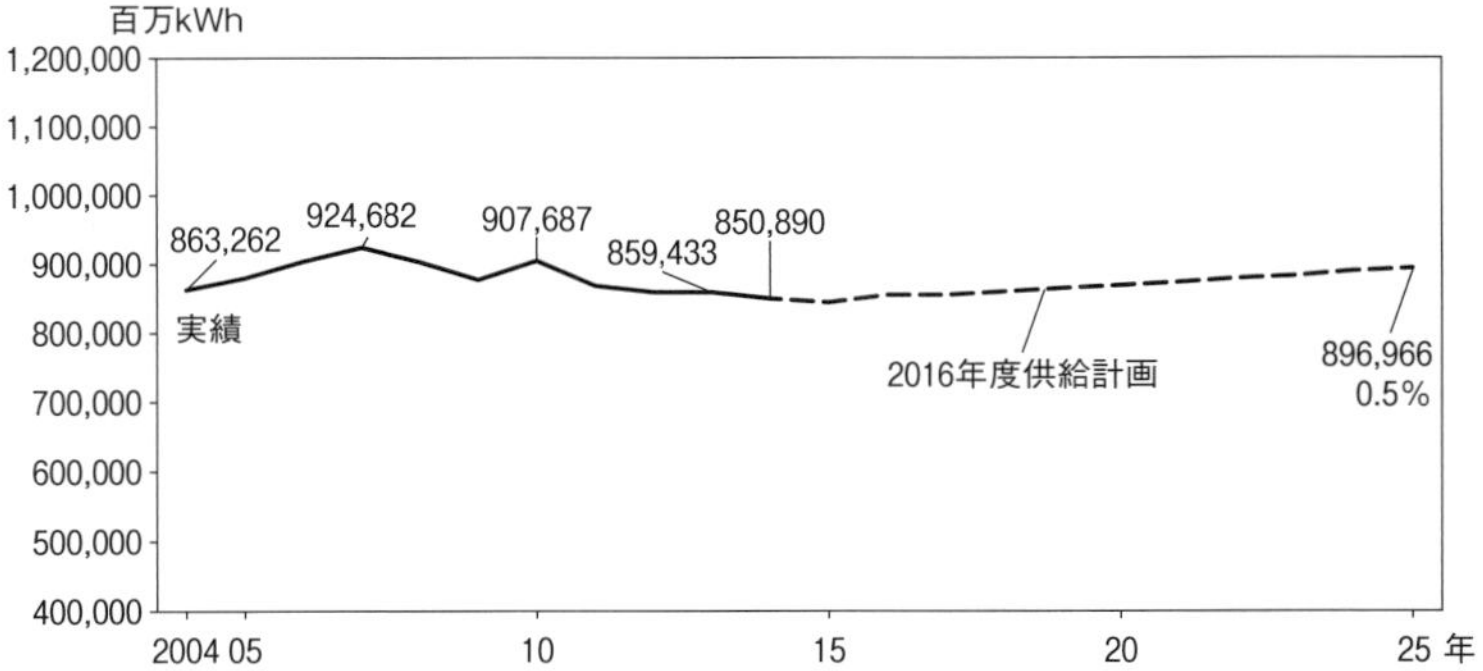

図 9－6　需要電力量［全国合計］（使用端）

注：図中の％は 2014 ～ 25 年度の平均増減率／年を示す。
出所：電力広域的運営推進機関（2016：10）をもとに一部改変。

長期エネルギー需給見通しが、電力業界内部の需要予測からも、いかに乖離しているかがわかる。

東北電力と東京電力管内では、東日本大震災以来五年にわたって、原発は一基も稼働していないが、電力不足には陥っていない。二〇一一年三月、東京電力管内では計画停電が実施されたが、これが本当に必要だったのか、ほかの方法はなかったのかどうか、検証されていない。東京電力は計画停電時の電力需要の実績値と供給力の実績値を発表していない。計画停電が不必要だったという批判を怖れてのことだろう。この問題に頬かむりしている当時の民主党政権にも大きな責任がある。この問題を検証することは、今後の電力供給のリスク管理にとって大きな教訓になるはずである。筆者は、計画停電は必要だったのか、マスメディアにはそれを検証する責務があるという問題提起を二〇一一年五月に行った（長谷川 二〇一一a：六八）。

表9-3のように、福島原発事故前の二〇一〇年度は、日本の発電電力量の三〇・八％、三〇〇四億キロワット時が原子力発電によって供給されていた。全原発停止期間中は、この分は、事故前に四五％だった火力発電所の稼働率を六八％程度に引き上げることによって対応していた。では実際に二〇一一年度以降、電力由来の二酸化炭素排出量はどの程度増えているのだろうか。

部門別の二酸化炭素排出量（直接排出量）の統計によれば、二〇一三年度の事業用発電からの排出量は四億八七七〇万トンで、全体の三七・二％に達する。一〇年度の事業用発電からの排出量三億七六一三万トンと比べると、二九・六％も増大している。全体に占める割合も一〇年度は

表 9－3　福島原発事故前の日本の電源構成（2010 年度）

	A. 発電電力量（億 kWh）	構成割合	設備利用率	B. 設備容量（万 kW）	構成割合
水力	848	8.7	20.7	4,670	19.2
原子力	3,004	30.8	70.0	4,896	20.1
火力	5,791	59.3	44.8	14,741	60.5
天然ガス	2,657	27.2	48.5	6,253	25.7
石炭	2,323	23.8	68.2	3,887	16.0
石油等	811	8.3	20.1	4,601	18.9
再生可能	119	1.2	－	53	0.2
合計	9,762	100.0		24,360	100.0

出所：長谷川（2011b：224）。

表 9－4　部門別 CO_2 排出量（電気・熱配分前（直接排出量））

排出源	1990 年度（kt-CO_2）	構成比（%）	2010 年度（kt-CO_2）	構成比（%）	2013 年度（kt-CO_2）	構成比（%）	2013 年度/2010年度	2013 年度/1990年度
エネルギー転換部門	334,536	29.0	434,564	35.9	536,841	41.0	1.24	1.60
事業用発電	292,919	25.4	376,128	31.0	487,698	37.2	1.30	1.66
産業部門	393,931	34.1	352,332	29.1	355,657	27.1	1.01	0.90
運輸部門	199,826	17.3	215,128	17.8	215,670	16.5	1.00	1.08
民生部門	138,552	12.0	136,734	11.3	126,884	9.7	0.93	0.92
非エネルギー起源	87,557	7.6	72,826	6.0	75,883	5.8	1.04	0.87
合計	1,154,401		1,211,585		1,310,935			

出所：国立環境研究所温室効果ガスインベントリオフィス（2015）に基づいて作成。

三一・〇％だったから、総排出量に占める割合も六・二％増えたことになる（表9‐4）。発電からの排出量が全体の三七・二％を占めるということは相当大きな割合ではある。しかし産業部門・運輸部門などからの排出量を大幅に減らすことで、発電からの排出量の増大分を吸収できないわけではない。

国際的に見ても、図9‐3が示すように福島事故を契機に二〇二二年末までに原発全廃を決定したドイツやこの二〇年間で古い原子炉を一九基も閉鎖したイギリスは、温室効果ガスの大幅な削減にも成功しており、世界で気候変動対策にもっとも熱心な国々である。このように気候変動対策と脱原発政策は決して矛盾するものではない。リスク社会論で著名な社会学者ベック（本書コラム6参照）が述べたように、「原子力か気候変動か、というのは忌まわしい二者択一」である（朝日新聞二〇一一年五月一三日付）。ドイツについてすでに確認したように、省エネ・節電を含むエネルギー利用の効率化と再生可能エネルギーの利用拡大によって、原子力発電と火力発電によって供給されている分の電力量を置き換えていけばよいのである（図9‐7参照）。

7 再生可能エネルギーの可能性

二〇一五年七月に発表された長期エネルギー需給見通しでは、二〇三〇年時点での再生可能エネルギーの導入見通しも、表9‐5で対照して示したように、二〇一二年九月に発表された民主党政権時代の

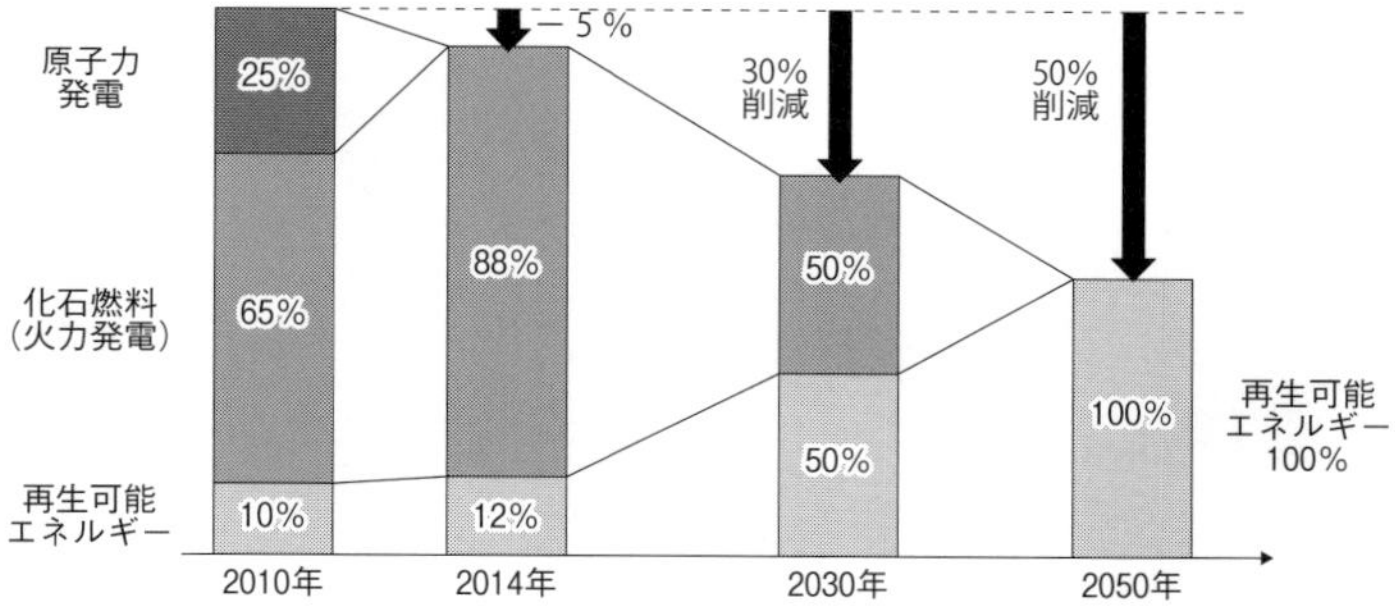

図 9－7　気候変動対策と脱原子力政策の進展のイメージ

出所：環境エネルギー政策研究所（2015）をもとに一部改変。

表 9－5　再生可能エネルギーによる発電の導入見通しの比較

	革新的エネルギー・環境戦略		長期エネルギー需給見通し	
温室効果ガス排出量（1990年比）		23％削減		17.4％削減
発電電力量（2010年比）		約1兆kW（10％削減）		9,808kW（10.8％削減）
	設備容量（kW）	発電電力量（kWh）	設備容量（kW）	発電電力量（kWh）
地熱	388万	272億	約140～150万	102～113億
水力	2,578万	1,200億	4,847～4,931万	939～981億
バイオマスほか	750万	404億	602～728万	394～490億
（小計）	3,716万	1,876億	約5,589～5,809万	1,435～1,584億
風力	4,755万	903億	1,000万	182億
陸上	3,952万	692億	918万	161億
洋上	803万	211億	82万	22億
太陽光	6,856万	721億	約6,400万	約749億
住宅	4,528万	476億	約900万	約95億
非住宅	2,328万	245億	約5,500万	約654億
（小計）	1億1,611万	1,624億	約7,400万	約931億
合計	1億5,327万	3,500億	約1億2,989万～1億3,209万	約2,366～2,515億

出所：経済産業省（2015）、環境省（2012）をもとに作成。
注1：「革新的エネルギー・環境戦略」は再生可能エネルギー発電比率35％のケース（原発ゼロ）。
注2：「革新的エネルギー・環境戦略」のバイオマスほかには、波力発電分を含む。

「革新的エネルギー・環境戦略」（後述）に比べると、約八割程度と抑制的である。

とくに民主党政権が風力発電について年間二〇〇万キロワットづつの増設、二〇三〇年に四七五五万キロワットの設備容量を目標としていたのに対し、長期エネルギー需給見通しでは、一〇〇〇万キロワットと四分の一程度以下に抑えられている。二〇一二年度末時点で日本の風力発電の設備容量は二七〇万キロワットである。風力発電を年間二〇〇万キロワットづつ増設するということは、現在の日本の設備容量の七四％分を毎年増設すること、二〇〇〇キロワットの発電用風車を年間一〇〇〇本づつ建設することを意味するから、民主党政権の導入見通しの非現実性は、冷静に考えれば明らかである。長期エネルギー需給見通しのように、陸上の発電用風車を一八年間で六四八万キロワット分増設することは、二〇〇〇キロワット換算で毎年一八〇本づつ建設することを意味するから現実性は高い。

しかしながら、長期エネルギー需給見通しの風力発電の目標設備容量や再生可能エネルギーの導入量が全体として抑制的である背後には、既存の原子力発電をできるだけ維持したいという電力会社や資源エネルギー庁の意向があることは否めまい。

8 福島原発事故とエネルギー政策

東日本大震災と福島原発事故は、第二次世界大戦後の日本で最大の災害であり、近代日本史上最大級の災害であるとともに、国際的・歴史的に見ても、先進国における最大級の災害である。

ドイツのメルケル政権は福島第一原発事故を契機に原発推進的な政策から転換し、老朽化した原発など八基を二〇一一年八月六日に閉鎖、二〇二二年末までに残り九基の原発も順次閉鎖することにした。二〇一三年九月、四年ぶりに行われた総選挙でも、この政策が政党間の論争になったり見直されたりすることはなかった。脱原子力路線はドイツでは定着した。

しかし事故の当事国である日本では、東京電力の抵抗や経済産業省資源エネルギー庁のサボタージュなどで事故の原因究明はほとんど進んでおらず、被害者救済も遅々たる歩みである。

民主党政権は原子力政策の転換をめざし、二〇一二年九月に「二〇三〇年代に原発稼働ゼロを可能とするよう、あらゆる政策資源を投入する」とした「革新的エネルギー・環境戦略」を決定した。しかし同年一二月の衆院選で大敗し、自民・公明党の連立による第二次安倍内閣が誕生した。

安倍内閣は「革新的エネルギー・環境戦略」を破棄し、原発推進路線に戻っている。二〇一四年四月、新しい「エネルギー基本計画」が閣議決定され、表面上「原発依存度を可能な限り低減する」としているものの、「エネルギー需給構造の安定性に寄与する重要なベースロード電源である」とされた。今後の新増設は明記していないが、古い原発を廃炉にする場合、新しい原発への建て替えを進める方針である。

福島原発事故は、マスメディアを含む強固な原発推進体制のあり方、原子力規制体制の形骸化、原子力問題についての批判的な言論や社会運動の相対的な脆弱さなど、事故の背景にある日本社会の構造的な問題点を浮き彫りにしたが、「既成事実」を積み重ねて原発推進体制が復活しつつある。

福島原発事故にもかかわらず、安倍内閣は原発輸出を成長戦略の柱に位置づけている。二〇一三年五月、アラブ首長国連邦（UAE）、トルコとそれぞれ原子力協定に署名した。トルコは日本とともに、多くの断層を持つ地震の多い国である。一五年一二月にはインドとの間でも日印原子力協定に合意し、一六年中の締結をめざしている。インドは、核不拡散条約に加盟していない核保有国であり、軍事転用の危険性が指摘されている。

福島原発事故によって何が変わったのだろうか。

避難計画や安全対策に多くの課題を残しながら、二〇一五年夏からなし崩し的に原発の再稼働が始まっている。一六年三月末現在、四三基の原発のうち四基が再稼働を開始し（ただしそのうち二基は裁判所の仮処分決定を受けて停止中）、二〇基については、新規制基準への適合性を原子力規制委員会が審査中である。原発は漸減する方針ではあるが、いつまでにどのように減らしていくのか、政府は明示していない。

原子力政策の政策目標はいつのまにか、福島原発事故前に戻ってしまったかのようだ。では政策決定過程はどのように変化したのだろうか。

日本の原子力政策は、福島原発事故前は、総合資源エネルギー調査会と原子力委員会の二本立てになっていた（長谷川 二〇一一b：二五―二七）。福島原発事故をふまえて、当時の民主党政権は、二〇一一年六月、国家戦略担当大臣を議長とする「エネルギー・環境会議」という関係閣僚会議を新たに設置し、この会議が原子力政策の実質的な決定権を持つことになった。一二年九月に発表された前述の「革新的エネルギー・環境戦略」は、この会議が決定したものである。エネルギー政策の見直しを経済産業省資源エネルギー庁から切り離して省庁横断的に行おうとした画期的な取り組みだった。しかし政権復帰後、安倍内閣は、新しい戦略を破棄し、この会議も廃止した。

原子力委員会は福島原発事故直後いわば機能停止状態に陥り、民主党政権時代には存廃も含めて検討されていた。安倍政権のもとで「在り方見直しのための有識者会議」がつくられ、委員を五人から三人に減らし、「今後は委員会の中立性を確保しつつ、①原子力の平和利用と核不拡散、②放射性廃棄物の処理処分、③原子力利用に関する重要事項に関する機能に重点を置く」ことになり、大幅に機能が縮小された。エネルギー・原子力政策は、総合資源エネルギー調査会基本政策分科会に事実上一元化されることになったのである。エネルギー基本計画を担当したのは、この分科会であり、長期エネルギー需給見通しを担当したのは、この分科会の下に置かれた長期エネルギー需給見通し小委員会である。次に述べるように、原子力規制委員会および原子力規制庁が環境省の外局として設置され、安全規制は手放したものの、経済産業省への「原子力行政の一元化」は、福島原発事故後、さらに強固なものになった。

二〇〇一年の省庁再編以降、資源エネルギー庁の中に「原子力安全・保安院」が設置され、原子力施設の安全規制にあたっていた。内閣府の中の原子力安全委員会が安全審査の指針づくりをし、原子力安全・保安院が指針に基づいて個々の施設の安全規制を担当するダブルチェック体制であると説明されてきた。しかし福島原発事故を受けて、原子力を推進する資源エネルギー庁の中に、規制を担当するセクションを置くことへの批判が強まった（オフィスも同じ建物にあった）。推進を担当してきた人間が翌年度からは規制担当に回るなどの人事異動も行われ、安全規制が形骸化していたことが反省された。原子力安全・保安院と原子力安全委員会は統合され、一二年九月から、経済産業省から完全に切り離されることになった。原子力規制委員会は、予算要求や人事の面でも政府から独立性の高い行政委員会として設置された。原子力規制を環境省の所管とするのは、ドイツなどに習ったものである。

形式的な独立性は確保されたものの、最初の規制委員五人のうち田中俊一委員長を含む三人が原子力業界の出身者だった。安倍内閣発足後に任期満了で二人が交代し、原子力業界出身者は四人になった。規制庁の職員の大多数は旧原子力安全・保安院の職員である。有識者の検討チームなど、さまざまな委員会のメンバーも、活断層評価チームなどの一部を除いて、原子力業界と関連の深い専門家が多数を占めている。原子力発電に批判的な専門家や、他分野の専門家はほとんど含まれていない。

田中俊一原子力規制委員長は、規制委員会は「新規制基準への適合性審査を行うだけで、安全を保証するものではない」と述べている。一方、安倍首相や菅官房長官は、「原発の安全性は、規制委員会の判断に委ねている。個々の再稼働は、事業者の判断で決めることだ」と責任を規制委員会と電力会社に押しつけて、逃げている。誰が安全の判断の責任を負うのか、判断の責任主体は明確ではない。鹿児島県議会は、新しい規制基準のもとで最初となる川内原発一号機の再稼働受入を二〇一四年一一月の本会議で議決したが、同時に「再稼働に向けた国の関与は十分と言えず、地元自治体は極めて困難かつ多大な負担を余儀なくされている」とした上で、国に対して原子力発電所の安全性や再稼働の判断について国が前面に立って明確かつ丁寧な説明を行い、理解を得るよう求める意見書を賛成多数で可決した。このように国・県・規制委員会は、安全性の判断についてはお互いに最終責任を回避しあい、他者に転嫁しあう三すくみあい状態にありながら、全体として、あたかも安全性が確認されたかのように偽装しあっている。

原子力災害に対する地域防災計画・避難計画の策定が義務づけられることになったが、計画の妥当性については所轄外として、原子力規制委員会は審査しないことになっており、自治体任せになっている。緊急モニタリングを誰がどうやって実施し、住民にどう知らせるのかという点も定かではない。原発過酷事故を想定した、実効性のある三〇キロ圏内の避難計画にはなっておらず、福島事故のような地震や津波をともなう複合災害も検討されていない。

寝たきり老人や入院患者、障害者など、災害弱者の避難も大きな課題である。

9 日本の気候変動政策の問題点と地球温暖化対策計画

前章まで論じてきたように、日本の気候変動政策は、業界ごとの自主行動計画が中心であり、原発依存度が高く、技術革新重視の発想が強い。産業界と経済産業省の発言力が強いために、規制的手法・経済的手法の導入は消極的である。ヨーロッパの国々が熱心に導入してきた国内排出量取引制度は本格的には導入されていない。化石燃料の利用量に応じて課税する炭素税である地球温暖化対策税は二〇一二年一〇月から導入されている（第四章参照）。経済産業省や電力業界などでは、福島原発事故前は原発推進の口実として、事故後は原発再稼働のための口実として、気候変動問題を利用しようとする内向きかつ後ろ向きの姿勢が際立っている。石炭火力発電所新設計画が多いことも国内外から問題視されている。

パリ協定合意を受けて、政府は、二〇一六年三月、「地球温暖化対策計画（案）」を発表した。毎日新聞（二〇一六年三月四日付）によれば、当初の予定から約二年半遅れでの発表となった。パリ協定の採択と、一五年七月に発表され国際公約となった三〇年度までに一三年度比で二六・〇％削減の中期目標が後押ししたものである。この計画では、二〇年度までに〇五年度比で三・八％削減、三〇年度までに一三年度比で二六・〇％削減（〇五年度比で二五・四％削減）、五〇年までに八〇％削減という短

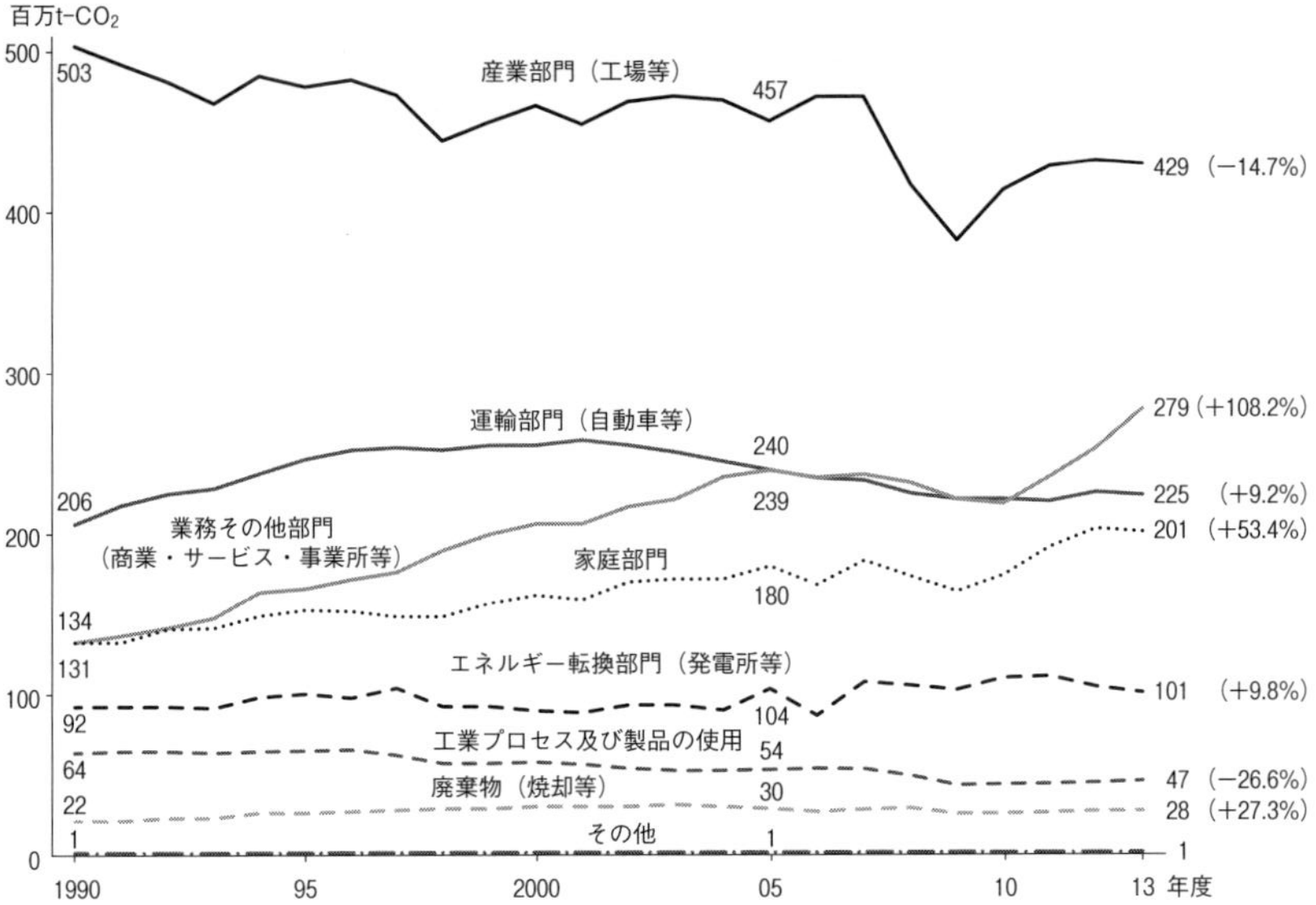

図 9－8　日本の二酸化炭素排出量の部門別推移

出所：環境省（2016：15）をもとに一部改変。
注：（　）内の数字は各部門の 2013 年度排出量の 1990 年度排出量からの増減率。

表9－6　地球温暖化対策計画（案）での導入目標

地球温暖化対策計画案で想定する普及割合・数		現状（2012年）		2030年見通し	
LEDなど高効率照明		9%	→	100%	
家庭用燃料電池		5万5000台	→	530万台	
家庭でのスマートメーターなどを使ったエネルギー管理		0.2%	→	100%	
省エネ住宅（外壁・窓の断熱化など）		6%	→	30%	
ビルのエアコンなどに使われる温室効果ガス（代替フロン）の管理技術		0%	→	83%	
次世代自動車	ハイブリッド自動車	3%	→	29%	新車販売台数では50～70%
	電気自動車	ほぼ0%	→	16%	

出所：毎日新聞2016年3月5日付。

期・中期・長期の三つの目標が並置されている。五〇年までに八〇％削減という長期目標が入ったことは、パリ協定の効果といえよう。

三〇年度までの中期目標では、事業所等の業務その他部門三九・七％、家庭部門三九・二％、自動車などの運輸部門二七・五％の削減が目指されているが、これらはいずれも高いハードルである。図9-8のように、九〇年度と比較すると、二〇一三年度の業務その他部門の二酸化炭素排出量は二・一倍に、家庭部門の排出量は一・五倍に増えているからである。それぞれ四割削減することは、業務部門は九〇年代半ばの水準に、家庭部門は八〇年代の水準にまで減らさなくてはならないことを意味する。

それに対して「地球温暖化対策計画（案）」では、表9-6のように技術導入や省エネ製品の普及率向上によって対処しようというトーンが目立っている。全体として総花的で新鮮味に乏しい内容である。

「地球温暖化対策計画（案）」は、パリ協定が本来含意しているような「脱炭素社会への転換」という強力で明確なメッセージ性に乏しい。原子力発電や石炭火力発電に依存しない社会への着実な転換を遂げつつ、二〇五〇年八〇％削減を実現するためには、経済成長最優先の政策からの脱却が必要である。エネルギーの効率利用に向けた、社会全体の構造的な転換をはかることが肝要である。国民にはライフスタイルの転換や行動の変化を呼びかけてはいるが、社会全体の転換をはかろうという視点は決定的に不足している。経済成長と二酸化炭素排出量増大を切り離さなければならない（デカップリングと呼ばれる）という主張も欠いている。国内排出量取引制度の本格的導入によって炭素市場の創設が必要であるというような構造転換の視点を欠いている。自動車交通への依存度を大幅に軽減した都市づくりへの転換や、人口減少地域の地域振興策などとの政策的連動という視点も弱い。

木質バイオや小水力発電、風力発電などの地域エネルギーの促進、エコ・モビリティを掲げ、自転車や公共交通の利用を重視した都市構造への転換は、途上国を含む世界各地で取り組まれている。

10 気候変動対策の終わりなき道――マンデラの言葉

パリ協定の歴史的な意義を私たちは真摯に受け止めなければならない。

パリ協定採択直後の熱気あふれるパリ会議の全体会議では、南アフリカ共和国の女性の環境大臣が最後に引用したネルソン・マンデラの言葉が印象的だった。南アフリカ共和国は、中国とともに、G77と呼ばれる途上国グループのリーダーである。しかも二〇一一年の温暖化会議（COP17）は、同国のダーバンで開かれ、ダーバン・プラットフォームと呼ばれる合意がなされ、今回のパリ協定にいたる道筋がつけられた。二〇二〇年以降の新しい枠組みに、途上国を含む、すべての国の参加が目指されることになったのである。

環境大臣が引用したのは、マンデラの自伝『自由への長い道』（Mandela 1994=1996）の末尾の一節であり、会場内の大きな喝采を浴びた。

自由への長い道のりを歩いてきた。つまずかないように注意してきたつもりだが、つまずいてしまったこともある。けれど大きな山を登り切ったあとわかったことは、もっとたくさん登るべき山があるということだ。周りの景色があまりにもすばらしくて一休みしたこともある。来し方をふりかえって一休みしたこともある。しかしほんのわずかしか休むことはできない。自由には責任がともなうからだ。ぐずぐずしているわけにはいかない。私の長い道のりには終わりがないのだから。

（Mandela 1994=1996）*5

気候変動との闘いの長い道のりは、まったく、マンデラがふりかえった自由への長い道のりのようだ。コペンハーゲン会議のようにつまずいてしまったこともある。私たちには後続の世代への責任がある。ぐずぐずしているわけにはいかない。各国代表団は帰国後すぐに、自国での取り組みに奔走しなければならない。気候変動との闘いの長い道のりにも終わりがないのだから。

日本政府に根本的に欠けているのは国際社会および国内社会に対する「脱炭素社会への転換」というこのような明確なメッセージ性であり、それを実現するための具体的な政策的仕組みづくりである。

注

＊1　気候変動枠組条約締約国会議のこれまでの主要な文書とイベント映像は、気候変動枠組条約のサイトで提供されている。パリ協定の採択の瞬間とその後の興奮は、次のサイトの冒頭(約六分程度)で確認できる(http://unfccc6.meta-fusion.com/cop21/events/2015-12-12-17-26-conference-of-the-parties-cop-11th-meeting)。協定の原文には、次のサイトからアクセスできる(http://unfccc.int/files/meetings/paris_nov_2015/application/pdf/paris_agreement_english_.pdf)。

＊2　安倍首相の演説全文は外務省のサイトで(http://www.mofa.go.jp/mofaj/ic/ch/page24_000543.html)、丸川大臣の演説全文は環境省のサイトで(http://www.env.go.jp/annai/kaiken/h27/s1208.html)、読むことができる。

＊3　日本館は富士山や桜・茶道など、和の美しさを意図したものではあったが、二〇一五年の気候変動をめぐる国際会議でなぜこれらの伝統美をアピールすることに固執するのか、根本的な疑問がある。デザインのテーマがまだ開いていないことを象徴する「水引き」だったのはきわめて印象的であり、全体の構造も内向きで閉鎖的だった。インド・韓国などのパビリオンはきわめてダイナミックで開放的だった。筆者による現地レポー

ト(長谷川 二〇一五)を参照。

＊4　二〇〇一年のマラケシュ合意(COP7)により、京都議定書の第一約束期間の目標が達成できなかった場合には、当該国には、①排出超過分の三〇％を第二約束期間の削減目標に上乗せする、②第二約束期間での行動計画の策定、③排出権取引による移転の禁止という罰則が課される(二〇〇五年のCOP11でマラケシュ合意が採択され、確立した)。①については、仮に第二約束期間の削減目標が基準年比一〇％で、第一約束期間の排出超過分が一・四％とするなら、その三〇％増分(一・八二％)が上積みされ、一一・八二％となる。

＊5　一九九六年刊の東江訳を参考にしつつも、英語原文から訳出し直した。

あとがき

気候変動問題は全人類にとって共通の大きな課題であるにもかかわらず、各国の政策内容や削減目標の達成度には大きな相違がある。ドイツやイギリスのように、京都議定書の第一約束期間内に一九九〇年比で大幅な削減を達成した国もあれば、先進国の中でも、アメリカやカナダ、オーストラリア、日本のように排出量を増大させた国もある。

気候変動問題への国際政治学や国際法による研究、経済学による研究は盛んだが、世界的にみても、社会学の視点と方法による気候変動問題の研究はきわめて限られていた。

共通のフレームワークに依拠して、各国の政策の相違を説明する国際比較研究ができないだろうか。これが第一章の執筆者でもあるミネソタ大学教授のジェフリー・ブロードベントが提唱した気候変動政策の国際比較研究を目的とする国際プロジェクト（Comparing Climate Change Policy Networks：略称ＣＯＭＰＯＮ）の出発点となった。本書は彼の呼びかけに応じて組織されたＣＯＭＰＯＮ日本チーム（COMPON Japan Team）の研究成果である。世界全体では台湾を含む二〇の研究チームが組織され、現在もプロジェクトは進行中である。

日本チームの立ち上げは二〇〇九年に名古屋大学で開催された環境社会学会大会にさかのぼる。ブロードベントはその折に参加を呼びかけるプレゼンテーションを行った。彼は長谷川の二〇年以上に及ぶ友人で、日本社会をフィールドの一つとし、仏教への造詣も深く、日本語の根本という意味も意識したCOMPONという名称を用いることを決めたほどであるので、COMPON日本チーム結成への強い期待があった。編者のひとりである品田知美と喜多川進、佐藤圭一がこのプレゼンテーションを聞いて呼びかけに応じ、その場で参加を表明したことから、呼びかけ人の長谷川とともにCOMPON日本チームがスタートした。

二〇〇九年度中は、ブロードベントがアメリカ国立科学財団より得ていた研究費（BCS-0827006）により研究活動が進められた。このプロジェクトは非常に柔軟な枠組みに基づいており、Compon Media and Interview Data Protocols（最終的に参照したバージョンは@10-20-09）を尊重する以外は、各国で実情に応じた研究を行うよう推奨されている。COMPONの世界会議に日本チームのメンバーが初めて参加したのは、二〇一〇年三月に開催されたパリにおける第四回目の会議であった。立ち上げの経緯から品田と佐藤が発表および交流をした。二〇一〇年四月より科学研究費（後述）を得られたことで、日本チームが安定して活動できる基盤が整った。

日本チームは立ち上げからオープンな研究会である上、ゆるやかなネットワークからなることから、参加の程度や期間もまちまちで出入りも多かった。スペースの関係もあって、主に関わった方々への謝辞を記すにとどまることをお許し願いたい。科学研究費の分担者でもあり会議にしばしば参加してコメントをされ、研究活動をさまざまな側面で支えていただいた上智大学大学院地球環境学研究科教授の平尾桂子氏に心より感謝の意を表する。また、初期の新聞記事コーディング作業では、佐藤圭一、辰巳智行、中澤高師が属していた一橋大学大学院社会学研究科、町村敬志ゼミの学生・院生の方々には、煩雑な作業にもかかわらず協力していただいたことにお礼を申し上げたい。研究分担者の町村敬志氏にも、いろいろな点でご高配をいただいた。

「温暖化政策の政策形成過程と政策ネットワークの国際比較研究」質問紙調査にご協力くださった方々には、お忙しい中、煩雑な調査票への記入に加え、訪問による面接調査の際、回収に出向いた研究者たちとの長時間のインタビューの時間をとってもらうという特別な対応をしていただいた。当時は編者の品田も含めて常勤職にない執筆者や若い院生が主な訪問者であったこともあって、通常の社会調査では考えられないほど丁重に時間をとってもらえたのだと思う。予定した質問票の質問文を超えたやりとりの中から、重要な示唆が得られたことも少なくなかった。定例の研究会では若い研究者から、こんな話があった、あんな話を聞いたよ、と興奮気味に報告がなされることもしばしばだった。

振り返るとプロジェクトの立ち上がりから、かなりの年月が経過してしまった。この間、東日本大震災の影響や、メンバーの環境変化などがめまぐるしく、ようやく出版までたどりついたといってよい。仙台市在住の長谷川は、東日本大震災と福島原発事故を契機に社会的な活動要請が相次ぎ、多忙を極めることとなった。また、品田が二〇一二年度より現職に就いたこともあり、プロジェクトの運営は、当時上智大学大学院特別研究員であった池田和弘と一橋大学大学院博士課程在籍中の佐藤圭一の二人を中心に若手に委ねられた。佐藤氏には、編集作業の過程でもお手伝いいただいた。二人の牽引力がなければプロジェクトを完遂することは、ままならなかったであろう。佐藤氏は、本プロジェクトの調査をもとに『日本の気候変動政策過程――三極構造から生み出される「自主行動」中心統治』で一橋大学から博士号の学位を得ている。

調査結果の社会還元については、調査にご協力をいただいた方全員に第一次報告書という冊子を二〇一四年春に送付したほか、本研究チームのメンバーによってすでに国内外の学会で多数の研究報告がなされた。関連の既発表論文などがある場合には巻末の文献リストにも記している。

編者らのエネルギーが底をつきそうになると担当編集者の松井久見子さんの熱意が注入され、幾多の修正を経ながら本書が日の目を見るに至ったのだと思う。いたらない編者のもと執筆歴の浅い著者も多いなか、最後まで辛抱強く見守っていただいた。この場を借りて厚く御礼を申し上げる。

企画を相談させていただいたときに、「共著とはいっても、一本筋のとおった本にしてください」と松井さんに言われたことを、編者としては、一つの目標として常に意識してきた。専門分野も含めて研究歴の異なる研究者が執筆する共著として、まとまりを維持するのに腐心した。しかし、幸いにして数か月おきに集まっては、朝から晩まで長時間議論しつづけた研究会の産物として、相当程度まとまりのある著書になりえたのではないか。

本書は、長谷川を研究代表者とする文部科学省科学研究費補助金「基盤研究（A）課題番号二二二四三〇三六（二〇一〇～一三年）」および「基盤研究（B）課題番号一五H〇三四〇六（二〇一五年～）」による研究成果をもとにしたものである。

気候変動はますます社会のあらゆる部門で、あらゆる活動において意識せざるをえない問題領域となっている。二〇一五年一二月のパリ協定の採択によって、国際的にも国内的にも、気候変動問題への関心は大きく高まろうとしている。

環境社会学、とりわけコミュニティ・レヴェルでの環境問題研究に強みをもつ日本の環境社会学においてはまだまだ気候変動問題の研究蓄積が十分とはいえない。多様な主体や研究者たちの参画が待ち望まれている。

気候変動をめぐる政策過程に社会学的にアプローチするとはどういうことなのか、どのような研究上の課題があるのか。本書を契機に、気候変動をめぐる政策過程とその社会学的・社会科学的な研究に関心を抱く読者が増えていくならば幸いである。

二〇一六年四月

品田　知美
長谷川公一

参考文献

朝野賢司・杉山大志　二〇一〇「三兆円の地球温暖化対策予算の費用対効果を問う」（財）電力中央研究所社会経済研究所ディスカッションペーパーSERC10012。

明日香壽川　二〇一五『クライメート・ジャスティス――温暖化対策と国際交渉の政治・経済・哲学』日本評論社。

明日香壽川・神保哲生　二〇〇七「温暖化懐疑論に向かいあう」『科学』七七（七）：七三七―七四八。

明日香壽川・吉村純・増田耕一・河宮未知生・江守正多・野沢徹・高橋潔・伊勢武史・川村賢二・山本政一郎　二〇〇九『地球温暖化懐疑論批判』東京大学サステイナビリティ学連携研究機構（IR3S）／地球持続戦略研究イニシアティブ（TIGS）叢書一。

Beck, U. 1999. *World Risk Society*. Cambridge and Malden Polity.（U・ベック　二〇一四『世界リスク社会』山本啓訳、法政大学出版局。）

Börkey, P. & F. Lévêque 2000. Voluntary Approaches for Environmental Protection in the European Union. *Environmental Policy and Governance* 10 (1): 35-54.

Boykoff, M. T. & J. M. Boykoff 2004. Balance as bias: Global Warming and the US Prestige Press. *Global Environmental Change* 14: 125-136.

Broadbent, J. 1998. *Environmental Politics in Japan: Networks of Power and Protest*. Cambridge: Cambridge University Press.

Broadbent, J. 2010. Science and Climate Change Policy Making: A Comparative Network Perspective. In A. Sumi, K. Fukushi, & A. Hiramatsu（eds.）, *Adaptation and Mitigation Strategies for Climate Change*. New York: Springer, pp.187-214.

Climate Action Tracker 2015. Japan（ver. July 22, 2015）. http:climateactiontracker.org/countries/japan.html.（最終確認日二〇一五年一二月一八日。）

電力広域的運営推進機関　二〇一六「全国及び区域ごとの需要想定（平成二八年度）」https://www.occto.or.jp/jigyosha/kyokyu/files/zenkoku_area_juyousoutei_R12R2_bessi_1.pdf（最終確認日二〇一六年三月三一日）。

Dryzek, J. S. 2005. *The Politics of the Earth: Environmental Discourses*. Oxford University Press.（J・S・ドライゼク　二〇〇七『地球の政治学——環境をめぐる諸言説』丸山正次訳、風行社。）

Dunlap, R. E. & R. J. Brulle 2015. *Climate Change and Society: Sociological Perspectives*. New York: Oxford University Press.

Dunlap, R. E. & A. M. McCright 2011. Organized Climate Change Denial. In J. S. Dryzek, R. B. Norgaard & D. Schlosberg（eds.）, *The Oxford Handbook of Climate Change and Society*. Oxford: Oxford University Press, pp.144-160.

江守正多　二〇〇八『地球温暖化の予測は「正しい」か？——不確かな未来に科学が挑む』化学同人。

江守正多　二〇一一「温暖化リスクコミュニケーション」『科学技術社会論研究』九：一二三—一三三。

遠藤知巳編　二〇一〇『フラット・カルチャー——現代日本の社会学』せりか書房。

エネルギー・原子力政策懇談会ＨＰ　http://nuclearpower-renaissance.netj.or.jp（最終確認日二〇一五年五月一一日）。

エネルギー・環境会議　二〇一二「革新的・エネルギー環境戦略」http://www.cas.go.jp/jp/seisaku/npu/policy09/pdf/20120914/20120914_1.pdf（最終確認日二〇一六年三月三一日）。

江澤誠　二〇一二『脱「原子力ムラ」と脱「地球温暖化ムラ」——いのちのための思考へ』新評論。

Fisher, D. 2004. *National Governance and the Global Climate Change Regime*. Lanham, MD: Rowman & Littlefield Publishers.

藤原文哉・喜多川進　二〇一五「資料：日本における温暖化懐疑書籍リスト」『ＣＯＭＰＯＮプロジェクトディスカッション・ペーパー』No.１。

舩橋晴俊　二〇〇四「環境制御システム論の基本視点」『環境社会学研究』一〇：五九—七四。

外務省　二〇一〇「京都議定書に関する日本の立場」http://www.mofa.go.jp/mofaj/gaiko/kankyo/kiko/kp_pos_1012.html（最終確認日二〇一六年三月三一日）。

Giddens, A. & P. W. Sutton 2014. *Essential Concepts in Sociology*. Cambridge: Polity Press.

Habermas, J. 1981. *Theorie des Kommunikativen Handelns*. Frankfurt/ Main: Suhrkamp Verlag.（Ｊ・ハーバー

マス　一九八七『コミュニケイション的行為の理論　下』丸山高司・丸山徳次・厚東洋輔・森田数実・馬場孚瑳江・脇圭平訳、未来社。）

Hajer, M. A. 1993. Discourse Coalitions and the Institutionalization of Practice: The Case of Acid Rain in Great Britain. In F. Fischer & J. Forester（eds.）, *The Argumentative Turn in Policy Analysis and Planning*. Durham: Duke University Press, pp.43-76.

Hajer, M. A. 1995. *The Politics of Environmental Discourse: Ecological Modernization and the Policy Process*. New York: Oxford University Press.

長谷川公一　一九九七「地球温暖化問題の可視化のために」『世界』六四三：九三―一〇二。

長谷川公一　二〇一一ａ「『もう一つのチェルノブイリ』を待たねばならなかったのか」『朝日ジャーナル　原発と人間』二〇一一年六月五日号、六六―六九頁。

長谷川公一　二〇一一ｂ『脱原子力社会へ――電力をグリーン化する』岩波書店。

長谷川公一　二〇一五「会場設営と各国パビリオン」第二一回締約国会議レポート（一二月八日）http://www.jccca.org/trend_world/conference_report/cop21/1-1208.html（最終確認日二〇一六年三月三一日）。

Helm, D. 2005. *Climate-change Policy*. New York: Oxford University Press.

広瀬隆　二〇一〇『二酸化炭素温暖化説の崩壊』集英社新書。

本間龍　二〇一三『原発広告』亜紀書房。

飯島伸子　一九九四「序文」飯島伸子編『環境社会学』有斐閣、一―八頁。
飯島伸子　二〇〇一「地球規模の環境問題と社会学的研究」飯島伸子編『講座環境社会学　第五巻　アジアと世界――地域社会からの視点』有斐閣、一―三二頁。
飯島伸子・鳥越皓之　一九九五「特集〈現代社会と環境問題〉によせて」『社会学評論』四五（四）：四〇〇―四〇一。
池田寛二　二〇〇一「地球温暖化政策と環境社会学の課題――ポリティクスからガバナンスへ」『環境社会学研究』七：五―二三。
池田和弘　二〇一三「低炭素経済を創る――イギリスの気候変動法」橋爪大三郎編『驀進する世界のグリーン革命――地球温暖化を超え、持続可能な発展を目指す具体的アクション』ポット出版、六四―八五頁。
池田和弘・平尾桂子　二〇一一「気候変動の多重メディア――京都会議とポスト京都のあいだ」『地球環境学』六：一―一二。
IPCC 2013. Climate Change 2013: The Physical Science Basis. IPCC Fifth Assessment Report. http://www.ipcc.ch/report/ar5/wg1/.（最終確認日二〇一五年一二月一八日。）
IPCC 2014. Climate Change 2014: Impacts, Adaptation, and Vulnerability. IPCC Fifth Assessment Report. http://www.ipcc.ch/report/ar5/wg2/.（最終確認日二〇一五年一二月一八日。）
岩間芳仁　二〇一二「日本経団連の低炭素実行計画」『日本情報経営学会誌』三二（四）：一五―二五。

Jackson, T. 2011. *Prosperity without Growth: Economics for a Finite Planet*. Routledge.（T・ジャクソン　二〇一二『成長なき繁栄――地球生態系内での持続的繁栄のために』田沢恭子訳、一灯舎。）

Jacques, P. J., R. E. Dunlap & M. Freeman 2008. The Organization of Denial: Conservative Think Tanks and Environmental Scepticism. *Environmental Politics* 17: 349-385.

Kanie, N., S. Andresen & P. M. Haas（eds.）2015. *Improving Global Environmental Governance: Best Practices for Architecture*. New York: Routledge.

環境エネルギー政策研究所（ＩＳＥＰ）　二〇一五「歴史的な流れに従ったエネルギー大転換を」http://www.isep.or.jp/wp/wp-content/uploads/2015/06/ISEP-OP20150626.pdf（最終確認日二〇一六年三月三一日）。

環境省　二〇一二「再生可能エネルギー関連資料」http://www.env.go.jp/council/06earth/y060-11/ref05.pdf（最終確認日二〇一六年三月三一日）。

環境省　二〇一四「二〇一二年度（平成二四年度）の温室効果ガス排出量（確定値）について」https://www.env.go.jp/press/files/jp/24375.pdf（最終確認日二〇一六年三月三一日）。

環境省　二〇一六「地球温暖化対策計画（案）」https://www.env.go.jp/press/102259/29516.pdf（最終確認日二〇一六年三月三一日）。

経団連　一九九一「経団連地球環境憲章」https://www.keidanren.or.jp/japanese/policy/1991/008.html（最終確認日二〇一五年一〇月二三日）。

経団連　一九九七「経団連環境自主行動計画の概要」http://www.keidanren.or.jp/japanese/policy/pol133/outline.html（最終確認日二〇一五年一〇月二三日）。

経団連　二〇一三a「低炭素社会行動計画」http://www.keidanren.or.jp/policy/2013/003_honbun.pdf（最終確認日二〇一五年一〇月二三日）。

経団連　二〇一三b「攻めの地球温暖化外交への提言」http://www.keidanren.or.jp/policy/2013/065.html（最終確認日二〇一五年一〇月二三日）。

経済産業省　二〇一五「長期エネルギー需給見通し」http://www.meti.go.jp/press/2015/07/20150716004/20150716004_2.pdf（最終確認日二〇一六年三月三一日）。

Kenis, P. & V. Schneider 1991. Policy Networks and Policy Analysis: Scrutinizing a New Analytical Toolbox. In B. Marin & R. Mayntz (eds.), *Policy Networks: Empirical Evidence and Theoretical Considerations*. Boulder/Frankfurt: Campus/Westview Press, pp.25-59.

喜多川進　二〇一五『環境政策史論――ドイツ容器包装廃棄物政策の展開』勁草書房。

国立環境研究所温室効果ガスインベントリオフィス　二〇一四a「附属書Ⅰ国の温室効果ガス排出量と京都議定書達成状況（二〇一四年提出版（第一約束期間まとめ））」http://www-gio.nies.go.jp/aboutghg/nir/nir-j.html（最終確認日二〇一六年三月三一日）。

国立環境研究所温室効果ガスインベントリオフィス　二〇一四b「附属書Ⅰ国の温室効果ガス排出量データ

（一九九〇～二〇一三年）」http://www-gio.nies.go.jp/aboutghg/nir/nir-j.html（最終確認日二〇一六年三月三一日）。

国立環境研究所温室効果ガスインベントリオフィス　二〇一五「日本の温室効果ガス排出量データ（一九九〇～二〇一四年度速報値）」http://www-gio.nies.go.jp/aboutghg/nir/nir-j.html（最終確認日二〇一六年三月三一日）。

Kreft, S., D. Eckstein, L. Junghans, C. Kerestan & U. Hagen 2014. "Global Climate Risk Index 2015 -Who Suffers Most From Extreme Weather Events? Weather-related Loss Events in 2013 and 1994 to 2013." http://germanwatch.org/en/download/10333.pdf（最終確認日二〇一五年三月一日。）

Leifeld, P. & S. Haunss 2012. Political Discourse Networks and the Conflict over Software Patents in Europe. *European Journal of Political Research* 51: 382-409.

Levy, M., P. M. Haas & R. O. Keohane 1992. Institutions for the Earth. Promoting International Environmental Protection. *Environment* 34 (4): 12-17 and 29-36.

Luhmann N. 1962. Funktion und Kausalität. *Soziologische Aufklärung 1*, Westdeutscher Verlag, pp. 9-30.（N・ルーマン　一九八四「機能と因果性」『社会システムのメタ理論』土方昭監訳、新泉社、三―四九頁。）

Mandela, N. 1994. *Long Walk to Freedom: The Autobiography of Nelson Mandela*. New York: Little, Brown.（N・マンデラ　一九九六『自由への道――ネルソン・マンデラ自伝』東江一紀訳、日本放送出版協会。）

丸山正次　二〇〇六『環境政治理論』風行社。

McLuhan, M. & Q. Fiore 1967. *The Medium is the Massage: An Inventory of Effects.* New York: Penguin Books.（M・マクルーハン、Q・フィオーレ　二〇一五『メディアはマッサージである――影響の目録』門林岳史訳、河出書房新社。）

みずほ総合研究所　二〇一五「COP21がパリ協定を採択――地球温暖化抑止に向けた今後の課題」『みずほインサイト』（二〇一五年一二月一八日）http://www.mizuho-ri.co.jp/publication/research/pdf/insight/pl151218.pdf（最終確認日二〇一六年三月三一日）。

Mol, A. P. J. 1996. Ecological Modernisation and Institutional Reflexivity: Environmental Reform in the Late Modern Age. *Environmental Politics* 5 (2) : 302-323.

Morgenstern, R. D. & W. A. Pizer 2007. Introduction: The Challenge of Evaluating Voluntary Programs. In R. D. Morgenstern & W. A. Pizer (eds.), *Relality Check: The Nature and Perforemance of Voluntary Environmental Programs in the United States, Europe, and Japan.* Resource of the Future, pp.1-14.

諸富徹・鮎川ゆりか編　二〇〇七『脱炭素社会と排出量取引――国内排出量取引を中心としたポリシー・ミックス提案』日本評論社。

村井恭　二〇〇〇「日本における地球温暖化防止政策の政治過程――地球温暖化防止行動計画の決定過程」『国際政治経済学研究』六：一―二二。

中村秀規　二〇一三「震災後のエネルギー制度改革・市場と市民の態度」IGESポリシーリポート　No.２０１２-09。

New York Times. "Holding Your Breath in India," on May 31, 2015, page SR1, New York edition, written by Gardiner Harris.
NOAA（National Oceanic and Atmospheric Administration）2015. Greenhouse Gas Benchmark Reached（posted on May 6, 2015）. http://research.noaa.gov/News/NewsArchive/LatestNews/TabId/684/ArtMID/1768/ArticleID/11153/Greenhouse-gas-benchmark-reached-.aspx.（最終確認日二〇一五年一二月一八日。）
ＮＰＯ法人ネットジャーナリスト協会「地球を考える会」http://enecon.netj.or.jp/about/index.html（最終確認日二〇一五年五月八日）。
OECD 2010. *OECD Environmental Performance Reviews: Japan 2010.* Wasington: OECD Publishing.
OECD/IEA 2013. Energy Policies of IEA Countries: Germany 2013 Review, http://www.iea.org/publications/freepublications/publication/Germany2013_free.pdf（最終確認日二〇一六年三月三一日。）
太田元　二〇〇一「地球温暖化問題に対する産業界の考え方、取り組み」『三田学会雑誌』九四（一）：六五―八三。
岡敏弘　二〇〇七「排出権取引の幻想」『世界』七七一：二四五―二五五。
岡敏弘　二〇〇八ａ「国内排出権取引制度が選ぶ未来」『科学』七八（五）：五五三―五五六。
岡敏弘　二〇〇八ｂ「排出権取引は中核的政策手段にはなり得ない」『世界』七八二：七一―八一。
岡敏弘・畔上泰尚・山口光恒　二〇〇九「排出権取引における初期配分が効率性に与える影響――ＥＵ排出権取

引制度（ＥＵＥＴＳ）の現実から考える」『環境経済・政策研究』二（一）：一六―二七。

岡山博文　二〇〇八「日本の地球温暖化対策を巡る政策過程――地球温暖化対策推進大綱を事例に」草野厚編『政策過程分析の最前線』慶應義塾大学出版会、二〇七―二四五頁。

Oreskes, N. & E. M. Conway 2010. *Merchants of Doubt: How a Handful of Scientists Obscured the Truth on Issues from Tobacco Smoke to Global Warming*, New York: Bloomsbury.（N・オレスケス、E・M・コンウェイ　二〇一一『世界を騙しつづける科学者たち』上・下、福岡洋一訳、楽工社。）

Pugliese, A. & J. Ray 2009. "Top-Emitting Countries Differ on Climate Change Threat: Chinese see least threat from global warming, Japanese see the most." Published on 12/7/2009, http://www.gallup.com/poll/124595/Top-Emitting-Countries-Differ-Climate-Change-Threat.aspx.（最終確認日二〇一五年六月二日。）

Ragin, C. 1987. *The Comparative Method: Moving beyond Qualitative and Quantitative Strategies*. Berkeley: University of California Press.

Roberts, J. T. 2011. Multipolarity and the New World (dis) order: US Hegemonic Decline and the Fragmentation of the Global Climate Regime. *Global Environmental Change* 21 (3): 776-784.

Roberts, J. T. & B. C. Parks 2007. *A Climate of Injustice: Global Inequality, North-South Politics, and Climate Policy*. Cambridge, Mass.: MIT Press.

佐藤圭一　二〇一四「日本の気候変動政策ネットワークの基本構造――三極構造としての団体サポート関係と気

候変動政策の関連」『環境社会学研究』二〇：一〇〇―一一六。
佐藤圭一　二〇一六『日本の気候変動政策過程――三極構造から生み出される「自主行動」中心統治』一橋大学大学院社会学研究科博士学位論文。
澤昭裕　二〇一〇『エコ亡国論』新潮社。
澤昭裕・福島文子　二〇〇八『ポスト京都議定書の枠組としてのセクター別アプローチ――日本版セクター別アプローチの提案』二一世紀政策研究所。
佐脇紀代志　二〇〇二「地球温暖化を巡る国内政策過程――京都会議を焦点に」『レヴァイアサン』三一：一四八―一七五。
Schmidheiny, S. 1992. *Changing Course: A Global Business Perspective on Development and Environment.* Cambridge: The MIT Press.（S・シュミットハイニー　一九九二『チェンジング・コース――持続可能な開発への挑戦』BCSD日本ワーキンググループ訳、ダイヤモンド社。）
Schneider, S. H., A. Rosencranz & J. O. Niles 2002. *Climate Change Policy: A Survey.* Washington, DC: Island Press.
Schreurs, M. A. 2002. *Environmental Politics in Japan, Germany, and the United States.* Cambridge: Cambridge University Press.（M・A・シュラーズ　二〇〇七『地球環境問題の比較政治学――日本・ドイツ・アメリカ』長尾信一・長岡延孝監訳、岩波書店。）

Segerson, K. & T. J. Miceli 1999. Voluntary Approaches to Environmental Protection: The Role of Legislative Threats. In C. Carraro & F. Lévêque（eds.）, *Voluntary Approaches in Environmental Policies*. Springer, pp.105-120.

資源エネルギー庁　二〇一〇『電力供給計画の概要』。

資源エネルギー庁　二〇一五「長期エネルギー需給見通し関連資料」http://www.enecho.meti.go.jp/committee/council/basic_policy_subcommittee/mitoshi/pdf/report_02.pdf（最終確認日二〇一六年三月三一日）。

Shinada, T. 2008. How Do Students Understand Climate Change?: Local Knowledge and Specialised Knowledge. The European Sociological Association 8th Conference, Glasgow.

信夫隆司編　二〇〇〇『地球環境レジームの形成と発展』国際書院。

Sonnett, J. & J. Broadbent 2014. Comparative and Global. In the Panel on Debates about Climate Change: A Cross-Societal Comparison. Paper presented at XVIII ISA World Congress of Sociology in Yokohama on July 18, 2014.

Speth, J. G. & P. M. Haas 2006. *Global Environmental Governance*. Washington: Island Press.

Stern, N. 2007. *The Economics of Climate Change: The Stern Review*. Cambridge University Press（Executive Summary の日本語訳）http://www.env.go.jp/press/files/jp/9176.pdf（最終確認日二〇一五年一一月七日。）

Stone, D. A. 1989. Causal Stories and the Formation of Policy Agendas. *Political Science Quarterly* 104 (2): 281-300.

杉田敦　二〇〇〇『思考のフロンティア　権力』岩波書店。
杉山大志　二〇一三「補論　自主的取り組みに関する先行研究」杉山大志・若林雅代編『温暖化対策の自主的取り組み――日本企業はどう行動したか』エネルギーフォーラム、一七六―一七七頁。
武田邦彦　二〇〇〇『リサイクル幻想』文春新書。
武田邦彦　二〇〇七『環境問題はなぜウソがまかり通るのか』洋泉社。
竹原裕子　二〇〇七「企業の環境経営におけるＩＳＯ１４００１『環境マネジメントシステム』の意義と課題――総合電機Ａ社の一事業部を事例として」『環境社会学研究』一三：一〇八―一二四。
竹内敬二　一九九八『地球温暖化の政治学』朝日新聞社。
谷川浩也　二〇〇四「日本企業の自主的環境対応のインセンティブ構造――ケース・スタディとアンケート調査による実証分析」経済産業研究所ディスカッション・ペーパー。
ティルトン、Ｍ　二〇一四「気候変動問題をめぐる日独関係――エコロジー的近代化へのリーダーシップ」平野達志訳、工藤章・田嶋信雄編『戦後日独関係史』東京大学出版会、二一九―二五一頁。
Torny, D. & M. K. Gueye 2009. *Climate Change Mitigation Policies in Selected OECD Countries: Trade and Development Implications for Developing Countries, Geneva, Switzerland*. International Centre for Trade and Sustainable Development.
槌田敦　二〇〇六『CO_2温暖化説は間違っている（誰も言わない環境論）』ほたる出版。

辻中豊　一九九九「現代日本の利益団体と政策ネットワーク――日米独韓比較実態調査を基にして」『選挙』五二（第一～一二号にかけて、その一～一二連載）。

植田和弘・岡敏弘・新澤秀則　二〇〇八「座談会　排出権取引は幻想か――岡論文をめぐって」『世界』七七五：一五二―一六一。

Union of Concerned Scientist 2007. Smoke, Mirrors & Hot Air: How ExxonMobil Uses Big Tobacco's Tactics to Manufacture Uncertainty on Climate Science. Cambridge, MA: Union of Concerned Scientist. http://www.ucsusa.org/assets/documents/global_warming/exxon_report.pdf（最終確認日二〇一五年一一月三日。）

Urry, J. 2011. *Climate Change & Society*. Malden, MA: Polity.

若林雅代　二〇一三「日本の環境自主行動計画」杉山大志・若林雅代編『温暖化対策の自主的取り組み――日本企業はどう行動したか』エネルギーフォーラム、八七―一三九頁。

Wakabayashi, M. & T. Sugiyama 2007. Japan's Keidanren Voluntary Action Plan on the Environment. In R. D. Morgenstern & W. A. Pizer (eds.), *Relality Check: The Nature and Perforemance of Voluntary Envirionmental Programs in the United States, Europe, and Japan*. Resource of the Future. pp.43-63.

渡邊理絵　二〇一五『日本とドイツの気候変動エネルギー政策転換――パラダイム転換のメカニズム』有信堂。

World Value Survey 2015. *WV6 Results v 2015 04 18*. http://www.worldvaluessurvey.org/.（最終確認日二〇一五年一二月七日。）

山本英弘　二〇一〇「利益団体の影響力――多角的な視点からみる権力構造」辻中豊・森裕城編『現代社会集団の政治機能――利益団体と市民社会』木鐸社、二三七―二五二。
米本昌平　一九九四『地球環境問題とは何か』岩波書店。
吉田文和　二〇一五『ドイツの挑戦――エネルギー政策の日独比較』日本評論社。
Young, O. R. 2002. *The Institutional Dimensions of Environmental Change: Fit, Interplay, and Scale*. Cambridge, Mass.: MIT Press.
全国出版協会出版科学研究所　二〇〇七ａ『二〇〇七出版指標年報』全国出版協会出版科学研究所。
全国出版協会出版科学研究所　二〇〇七ｂ『出版月報』一二月号、全国出版協会出版科学研究所。
全国出版協会出版科学研究所　二〇〇八『二〇〇八出版指標年報』全国出版協会出版科学研究所。

索　引

あ行

か行

さ行

た行

な行

は行

ま行

や行

ら行

ABC

■執筆者紹介

ジェフリー・ブロードベント(Jeffrey P. Broadbent)
ミネソタ大学リベラルアーツカレッジ社会学部教授
専門は政治社会学、環境社会学、社会運動論、日本研究

佐藤圭一(さとう けいいち)
日本学術振興会特別研究員（PD）（東北大学大学院文学研究科）
専門は政治社会学、環境社会学、市民社会論

池田和弘(いけだ かずひろ)
日本女子大学人間社会学部講師
専門は環境社会学、社会理論

辰巳智行(たつみ ともゆき)
一橋大学大学院社会学研究科博士後期課程
専門は環境社会学

中澤高師(なかざわ たかし)
静岡大学情報学部講師
専門は環境政治学、環境社会学

野澤淳史(のざわ あつし)
日本学術振興会特別研究員（PD）（東京大学大学院教育学研究科）
専門は環境社会学、障害学

藤原文哉(ふじはら ふみや)
横浜国立大学大学院環境情報学府環境リスクマネジメント専攻博士後期課程
専門はアメリカ環境政策の歴史研究

喜多川進(きたがわ すすむ)
山梨大学生命環境学部准教授およびオーストラリア国立大学文化歴史言語学部客員研究員
専門は環境政策史

■編者紹介

長谷川公一（はせがわ こういち）

東北大学大学院文学研究科教授
専門は環境社会学、社会運動論
おもな著作に *Beyond Fukushima: Toward a Post-Nuclear Society*（単著、Trans Pacific Press, 2015）、『脱原子力社会の選択——新エネルギー革命の時代』増補版（単著、新曜社、2011年）、『環境運動と新しい公共圏——環境社会学のパースペクティブ』（単著、有斐閣、2003年）など。

品田知美（しなだ ともみ）

城西国際大学福祉総合学部准教授
専門は社会学（家族および環境領域）
おもな著作に「近代社会における互酬と環境——共的セクターへの視座」（単著、『環境社会学研究』第3号、1997年）、『平成の家族と食』（編著、晶文社、2015年）、『驀進する世界のグリーン革命』（分担執筆、ポット出版、2013年）など。

気候変動政策の社会学——日本は変われるのか

2016年7月30日 初版第1刷発行

編　者 長谷川公一
　　　 品 田 知 美
発行者 杉 田 啓 三

〒606-8224 京都市左京区北白川京大農学部前
発行所 株式会社 昭和堂
振込口座 01060-5-9347
TEL(075)706-8818/FAX(075)706-8878
ホームページ http://www.showado-kyoto.jp

印刷 亜細亜印刷

ISBN 978-4-8122-1553-1
＊落丁本・乱丁本はお取り替えいたします。
Printed in Japan